WAYS TO CULTIVATE
ADOLESCENTS' CREATIVITY

青少年
创造力培育法

刘 伟 李 睿 著

中国科学技术大学出版社

内 容 简 介

本书以古今中外的大量事实说明了“创造力是可以培育的”，并提出培育创造力的多种途径和方法，系统探讨了教育系统应当通过怎样的改革才能培育学生的科学研究能力和创造力。本书还分别就学校教育、家庭教育、社会教育该怎样培育人的创造力进行了深入阐述。

图书在版编目(CIP)数据

青少年创造力培育法/刘伟，李睿著. —合肥：中国科学技术大学出版社，2018.1

ISBN 978-7-312-04279-9

Ⅰ.青… Ⅱ.①刘… ②李… Ⅲ.创造能力—能力培养—青少年读物 Ⅳ.G305-49

中国版本图书馆 CIP 数据核字(2017)第 166520 号

出版 中国科学技术大学出版社
安徽省合肥市金寨路 96 号，230026
http://press.ustc.edu.cn
https://zgkxjsdxcbs.tmall.com

印刷 安徽国文彩印有限公司

发行 中国科学技术大学出版社

经销 全国新华书店

开本 710 mm×1000 mm 1/16

印张 13.5

字数 235 千

版次 2018 年 1 月第 1 版

印次 2018 年 1 月第 1 次印刷

定价 39.80 元

序

一周前，正在美国探望孩子的我，接到中国科学技术大学出版社杨振宁编辑从微信上传来的《青少年创造力培育法》的书稿。他说该书主题内容和我的教育思想有相通之处，希望我为该书写序。我和小杨相交多年，我相信他的认识能力和文字加工水平，所以，他让我为他做责任编辑的书写序，自然是有求必应了。

本书是一本阐述青少年创造力培养的读物。我从头到尾认真地读了一遍，并仔细研究了一些章节，深感这确实是一本好书，果然如小杨所说的，该书的主题内容与我的教育思想有相通之处。

我是一名大学老师。1978 年，中国科学技术大学创办少年班时，我直接参与了少年班的创建过程，是最早的“少年班研究组”成员。从那之后，我一直坚持从事超常教育研究，提出“早期诱发”模式和“做研究型家长”的理念，出版研究著作 20 余种，并将少年班研究成果用到自己的家庭教育之中，使中等水平的儿子考进了中国科大第十期少年班，女儿也考进了中国科大无线电系。

所以，我深深觉得作者书中所言极是。因为我的“早期诱发”模式就是一种培养青少年创造力的方法，“做研究型家长”的理念，和本书的“把学习变为研究”“在研究状态下创业”“创造力培育应从娃娃抓起”等理念，真可谓是不谋而合。所以，我愿意向广大读者推荐这本书。

首先，我觉得，本书是热门话题百花园中的一朵新花。

关于青少年创造力的研究，是一个热门的话题，有很多研究成果。在写本序言之前，我在网上搜索了一下相关信息。

在中国知网（CNKI）学术文献数据库中，用“创造力培养”作为主题词进行搜索，得到 21468 条信息。在我国“国家图书馆”网站的“馆藏书目”检索中，也用“创造力培养”作为主题词进行搜索，得到 1224 条信息，其中有《培养孩子的创造力》《儿童创造力培养指导手册》《高中生创造力培养课程》《创造力培养校本教材：练就创新人才》等专著和硕士博士学位论文。

由此可见，关于“创造力培养”的研究成果之多，真可谓是“百花齐放”，而本书则是这百花园中的又一朵“新花”。

其次,“创造力是可以培育的”这一观点,说得新颖、中肯而又诱人。

本书以古今中外的大量事例说明“创造力是可以培育的”,并提出培育创造力的多种途径和方法。

本书共五篇,从第一篇“万众创新”开始,阐述了创造力是何等重要,接下来是名为“创造力之源”的第二篇,揭示了创造力来自大自然、实践、兴趣、通才、阅读、信息素养、系统智慧、宽容、自由、闲暇等行为和素养,为第三篇“创造的基础”和第四篇“创造的方法”做了铺垫;第三、第四篇提出“把学习变为研究”“研究的开始”“研究的方法”“在研究状态下创业”等一系列造就创造力的可操作方法,最后以“创造力之魂”收官,介绍“逻辑推理”“头脑风暴”“思维导图”“批判性思维”“多角度思考”和“辩论变成辩证”等关键性的方法。全书显示了极强的逻辑性和可操作性,且前后内容环环紧扣,使读者跃跃欲试。

有的读者可能会说,创造力培育方法还有很多,这本书没说全。我想,这不是缺点,也许这正是优点:说明作者已经做了合适的选择。

第三,本书的读者定位面广,不同读者可以各取所需。

本书系统地探讨了教育系统的改革措施,分别就学校教育、社会教育、家庭教育该怎样培育人的创造力进行了深入阐述。因此,不同的读者在本书中都能找到适合自己的内容。

比如,本书中大部分内容适合学校的管理者和老师阅读,可以帮助他们提高学生的创造力。这属于学校教育的范畴。

在校中学生、大学生和刚刚进入社会的毕业生也是本书的读者对象,他们可以从本书获取知识而自我提高创造力。这是自我教育,属于社会教育的范畴。

那些刚刚牙牙学语、蹒跚学步的孩子的爸爸妈妈、爷爷奶奶、外公外婆们,也可以仔细阅读本书,让“创造力培育应当从娃娃抓起”的理念得以实现。这属于家庭教育的范畴。

第四,本书提倡的“创造力”和“万众创新”的基点在“新”字上。

本书中虽然没有对“创造力”中的“创造”、“万众创新”中的“创新”进行直接或明确的定义,但这个含义在行文中是清晰的。虽然作者在阐述“创造力”的时候列举的知名科学家、企业家的例子很多,有许多更是诺贝尔奖的获得者,但这并不表明非要达到这样的水平才能称得上是“创造”或“创新”。

因为，如果是这样，具有这种创造力的人终究是少数的。显然，作者并不是这个意思。

作者在他的“前言”里提及“创新必须以大批有创造力的人才为基础”“中国……急需大批创造性人才”“只有当大众普遍掌握了科学技术发明创造的方法，创造性人才才会大批涌现”。很显然，作者在这里强调的“大批”涌现的“创造型人才”的成果，不可能都是可以获得诺贝尔奖的成果。也就是说，本书主张的“创造”“创新”的基点是“新”！新，就是前人没有过的，是具有更高效率或者更高功能或者更高收获的成果。

这样，我们每一个读者都可能在本书的帮助下获得创新的成果！

这是作者的心愿，也是我愿意写这篇序的原因！

2017 年 10 月 26 日于美国费城

司有和，教授，博士生导师，中国科学技术大学创办少年班的直接参与者，中国科技写作学的奠基者、创始人，享受国务院特殊津贴。因其在家庭教育领域的成绩，于 1996 年获得全国妇联、国家教委联合颁发的“全国家庭教育工作园丁奖”和“全国家庭教育工作先进个人”的称号。

前　言

当今时代是一个创造力喷涌的时代，全世界涌现出众多创客空间和各类创客，各种新发明、新技术、新创造层出不穷，而且更新换代的速度越来越快。时代要求人们必须拥有创造力，否则便会越来越跟不上时代的发展，越来越难以适应生活。

但是，创造力能培育吗？

人类历史上曾经涌现过许多有旺盛创造力的杰出人物，比如达·芬奇、米开朗基罗、拉斐尔、莫扎特、贝多芬、莎士比亚、李白、杜甫、苏东坡、曹雪芹、哥白尼、伽利略、牛顿、爱因斯坦、爱迪生、乔布斯等，人们对这些杰出人物惊人的创造力叹为观止的同时，又不免疑惑：这些人物是天生的还是后天培育的结果？

一些学者认为有旺盛创造力的杰出人物都是天生的，他们是天才，是遗传的结果，普通人很难有他们那样旺盛的创造力，创造力根本无法培育。但另一些学者却认为创造力是可以培育的，只要有合适的环境和系统的培育方法，普通人的创造力也是可以不断提升的。

人们公认，全世界最有创造力的国家是美国。诺贝尔奖获得者中美国科学家所占比例超过三分之一；美国的科技发明专利占到全球一半以上，各领域的创新更是层出不穷。美国大众为什么如此有创造力？在诸多原因中，教育是一个关键的因素。美国教育界普遍接受这样一种观念：每个孩子天生就有创造性才华，老师的作用只是通过启发的方法将孩子的智慧引导出来。因此，美国教育更关注保持孩子的好奇心，培养孩子的研究能力和批判性思维。美国学校普遍采用研究性学习的方法，启发学生整合想象力、创造力、阅读能力、分析能力、动手能力、实践能力、合作能力、表达能力于一体，去完成某个项目，解决某个问题。正是这种系统的、注重思维和实践的研究性学习方法，使美国大众普遍掌握了科学发现和创造发明的方法，奠定了美国大众的创造力基础，再加上移民国家的多元文化氛围和其他各种社会因素，使美国成为了最有创造力的国度。

本书认为，古今中外大量事实已经证明，创造力是可以培育的，并且提出了培育创造力的多种途径和方法，特别是系统探讨了教育系统应当怎样改革才能培育学生的创造力。本书的核心观点是教育是培育创造力的关键，包括学校教育、家庭教育、社会教育。

2015年，李克强总理提出了“大众创业，万众创新”的号召，创业必须以创新为基础，创新又必须以大批有创造力的人才为基础，否则创业将可能是低水平重复。如今全国创客空间如雨后春笋般不断涌现，中国制造也面临着向中国创造提升的严峻挑战，急需大批创造性人才。但创造性人才不会一夜出现和自动产生，必须有鼓励创新的社会和制度环境、有能培育创造力的教育体系和系统方法，特别是要引导大众掌握科学技术创造发明的方法。只有当大众普遍掌握了科学技术发明创造的方法，创造性人才才会大批涌现，中国才可能成为善于创新的国度。

创造力培育是世界各国都在研究的重大课题，也是一个难题。笔者不揣冒昧，大胆地进入了这个领域，做出自己的思考与研究，肯定有许多不成熟甚至错误的地方，希望本书能抛砖引玉，启发更多的人来研究创造力培育问题，如果能起到这个作用，笔者就很欣慰了。也竭诚希望读者对本书提出批评和建议(E-mail:liuky0820@163.com 或 2590204258@qq.tom)，使笔者也能不断提升创造力。

著　者

2017年8月26日

目　录

第一篇　万众创新

创造力如今已成为全球关注的焦点，全球化最需要有创造力的人才，中国面临着从中国制造迈向中国创造的重大转折，培育大批有创造力的人才，已成为中国的当务之急。

创造力：全球竞争的焦点

> 无边落木萧萧下，不尽长江滚滚来。
>
> ——杜　甫

华为：创造力的奇迹

深圳有一家全球知名的企业——华为公司。这家公司创造了许多奇迹。

全世界如今已有 20 多亿人在使用华为的通信设备和手机，华为在 150 多个国家有 500 多个机构客户。

最近 15 年，华为公司累计营业收入 2.3 万亿元，70%以上来自海外，共计纳税 337 亿元，而腾讯公司的纳税额才 70 多亿元。华为全球员工有 17 万人，腾讯、阿里巴巴才各有 3 万人。

2016 年 3 月，华为智能手机在中国市场份额达到 24.4%，超过了苹果的 22.2%。

华为的巨大成功，有些什么秘密呢？在众多的原因中，可以发现一条重要的原因：华为有中国企业最强大的研发团队，因此创造力极强。

华为公司管理层认为：大学之大在于大师，企业之强在强人。一家企业的强大，不在于收入强，也不在于是不是世界五百强，而在于它能不能凝聚起全球最顶尖的创造性人才，并因此具有持续不断的创造力。

2015 年，华为研发投入高达 596 亿元，占销售收入的 15%，而苹果仅有 3.6%，华为是苹果的近 5 倍。过去 10 年中，华为累计投入 2400 亿元进行研发创新，17 万员工中，研发人员占到 45%，达到 7 万多人。华为如今拥有1 万多名博士、几十名俄罗斯数学家，累计申请了 52550 件国内专利和 30613 件国外专利。2015 年，华为在国内申请了 6200 件专利，在国外申请了 2800 件专利，专利申请总量居全球企业第一。苹果也开始向华为支付专利费用，一年高达数亿美元。

在自我创新的同时，华为坚持开放式合作创新。华为与全球近百所著名高校和研究机构合作，与2位诺贝尔奖获得者、100多位院士、数千名学者紧密联系，一起同行，共同研究和创新。

华为管理层认为：出处不如聚处，人才是因为聚集才产生创造力价值。因此华为不惜重金凝聚人才、发挥好人才的潜能，这是比“以人为本”更高层次的“以人才为本”。

华为领导人任正非已经决定：华为要开始基础理论研究，因为基础理论的突破，会带来一系列的突破，才能真正引领世界。未来几年，华为每年的研发经费将会超过100亿美元，其中15%～30%将投入基础理论研究。

华为奇迹生动地说明了：当今和未来最需要的人才是有创造力的研发人才，这样的人才将是所有高新科技企业最欢迎的。

创造力：全球竞争的焦点

中国科学院2016年发布了《中国科学院“十三五”发展规划纲要》，提出要在60个科研领域实现突破。

美国奥巴马政府为了提升美国人的创造力，制定了开发大脑的“脑计划”(BRAIN)。美国白宫发布了2015版《美国创新新战略》，准备在9大领域投入巨资进行研究。美国国防部已瞄准未来6大颠覆性基础理论研究领域，组织科学家进行深入研究。基础理论研究，将是未来科研创新的制高点。

日本更是高度重视科研开发。2016年诺贝尔生理学或医学奖授予了日本科学家大隅良典，这条新闻引起了中国人的广泛关注和讨论，人们都在思考，为什么日本在近17年连续获得了17项自然科学的诺贝尔奖，而中国几十年来却只获得了一项自然科学的诺贝尔奖？

不难发现，日本政府高度重视科研开发，在美国奥巴马政府制定了“脑计划”后，日本也紧随其后，制定了大型科研项目“脑计划(MIND)”。2001年日本在第二基本计划(2001～2005年)里明确提出了“50年拿30个诺贝尔奖”的目标。2016年，日本内阁审议通过了《第五期科学技术基本计划(2016～2020)》，该计划提出，未来十年把日本建设成“世界上最适宜创新的国家”。

日本政府除了请科学家参与决策和制定科技政策外，对科学研究也舍得大力投资。从1960年到1970年，日本政府对科研的拨款总额增长了约6倍，到了20世纪80年代，用于科学研究的支出达到1800亿日元。到20世纪90年代，政府批准科学技术厅的预算突破5000亿日元。日本目前科技开发投入的经费仅次于美国，占世界第二位，比德国、英国、法国三国的总和还要多。日本每万名劳动人口中，研发人员所占比例为全球之最。据汤森路透社公布的《2015 年全球创新企业百强》榜单中，日本有 40 家企业上榜，排名第一，美国有 35 家企业上榜，排名第二。

正是日本政府对科技的大力投入，再加上日本人特有的严谨、认真、坚持、崇尚诚信的国民性，使日本的科研开发能力迅速提高，获得诺贝尔奖的科学家不断涌现，日本社会的整体创造力不断提升。

历史经验证明，那些抓住科技革命和产业革命历史机遇的国家，很容易成为发达国家或世界强国，比如英国、德国、美国；而忽视科技革命和产业革命所带来机遇的国家，便不断衰落，国际地位也随之下降，比如葡萄牙、西班牙等。科技实力决定着世界政治经济力量的对比变化，也决定着各国各民族的前途和命运。

李克强总理 2015 年提出了“大众创业，万众创新”的号召，而万众创新是大众创业的前提和基础，大众如果没有创造力，那么创业就是低水平的，国家也不可能真正崛起。

从全球大趋势和中国国情来看，全面培育和提升中国大众的创造力，已成为中国发展的当务之急，也是实现中国梦的基础和关键。

“无边落木萧萧下，不尽长江滚滚来。”创造的时代已经呼啸而来，我们每一个中国人都应当深入思考：怎样培育和提升自己的创造力？

全球化最需要有创造力的人才

方向永远比速度重要。

——曾仕强

华为喜欢招聘什么样的人才

许多未来学家都预测:在互联网迅速普及的当今,人类社会将从“物理世界”快速进入“数字世界”,社会将向智能社会全面转型。工业时代的、流水线上的、标准化的、重复性的、操作型的人才将被逐渐淘汰,社会急需大量有创造力的人才。

中国最具创造力的华为公司,提出的招聘人才标准是:

胸怀世界:愿意迎接世界性的问题和挑战,在解决难题、面对挑战的过程中,提升自己的视野和胸怀。最优秀的人解决最大的问题,真正的人才,不会在一个平庸、安逸、缺乏挑战的环境中虚度光阴。

坚韧平实:不浮躁、不急切,愿意一步一步走向成功。期望一夜暴富、一夜成名的人,接受不了华为,华为也接受不了。心态浮躁对任何行业都有极大的破坏力,华为提倡精益求精的工匠精神。

洞察新知:变革时代,唯一确定的就是不确定性,只有不断地学习、发现、认知和理解,才能驾驭这个世界。

从华为的招聘标准中可以发现:优秀的企业对人才的要求越来越全面,最突出的特征就是必须具有持续的创造力。

21 世纪急需的七大素养

联合国教科文组织和一些世界性的教育机构近年来不断举办全球性的教育论坛,探讨 21 世纪的学校应当培育学生的哪些素养,各国专家学者普遍认为 21 世纪的学生最需要如下七大素养:沟通与合作素养、信息素养、创造性与问题解决、自我认识与自我调控、学会学习与终身学习、批判性思维、公民责任与社会参与。

这七大素养几乎都与人的创造力密切相关。目前全球风起云涌的创客活动浪潮，就是在全面培育这七大素养。可见，创造力培育不但是当今世界的迫切需要，也是专家学者们的共识。我们每个普通人都应当高度重视创造力的培育，否则可能被世界潮流所淘汰。

四种思维、七类人才、六大感知能力

美国前副总统戈尔的撰稿人丹尼尔·平克曾经写了一本轰动北美地区的畅销书《全新思维》，该书对世界发展趋势提出了这样的预测：在信息社会，需要有特定思维的一类人——电脑程序员、起草协议的律师、分析数据的 MBA（工商管理硕士）、专业知识丰富的医生。他们具有偏重逻辑分析的左脑型思维。

随着社会的信息化水平不断提高，许多逻辑分析的工作正被电脑迅速取代，世界正由信息时代进入概念时代。未来的人才需要拥有全然不同的四种思维——创造型思维、设身处地（共情）型思维、模式识别思维、追寻意义型思维。其中，共情型思维就是所谓的"情商"，即善于管理自己的情绪和善于人际交往。模式识别思维即善于从纷繁复杂的现象背后发现隐蔽的模式和各种变化的共同趋势，这样就不会被万花筒般的社会表面现象所迷惑，善于透过现象看到本质，善于把握社会发展的大趋势，并根据这个大趋势来确定自己的人生发展方向。追寻意义型思维就是经常思考人生的意义、价值观、终极关怀等比较形而上的抽象内容，而这些思考往往会影响人的观念和行为模式，因为人其实是受思想和观念指引着行动的。

具有上述这四种思维的人包括艺术家、发明家、设计师、善讲故事的人、看护人员、各种咨询师、考虑全局的人，这七类人将在未来社会享受到最大的工作乐趣并获得最高的社会回报。

才能与众不同、感情丰富并富有创造力的人将成为概念时代的骄子，明智的人应当往适应概念时代的方向努力。战略方向一错，越勤奋越错得离谱，越努力越失败。正像台湾师范大学教授曾仕强指出的：方向永远比速度重要。

概念时代需要六种基本能力，即六大感知：设计感、故事感、交响能力、共情能力、娱乐感、探询意义。其中交响能力是指能把表面上互不相关的因素结合起来创造出和谐的新事物。共情能力是能设身处地地换位思考、善于理解别人的思想和感情。这六大感知能力是每个人都能掌握的简单技能,关键是要尽早尽快地自觉开始努力。

虽然美国等发达国家与中国在发展阶段上有明显差异,但发展方向是大致相同的。近代以来,我国不断在追赶工业文明的步伐,但更智慧的是站在人类未来发展趋势的前面,超前预测到世界潮流的变化,早做准备,以免新潮流涌来时措手不及处处被动。

右脑为主的时代

当今世界正在发生快速的巨变,物质的充裕使人们的精神需求日益增长,全球化使高端人才的工作在全球流动,电脑网络和高新科技使越来越多的工作外包,许多工种正在迅速消失,时代的发展需要一种全然不同的思维方式和生活方式——高概念和高感性。

高概念能力包括:具有美感,富有创造力和丰富的情感,能写出优美的文章,能将表面上毫无关系的事物结合起来创造出新的东西。

高感性能力包括:理解别人,懂得人与人相互交往的细微之处,善于找到各种乐趣并感染别人,超越平凡,寻求生活的真谛和意义。

上述两种能力属于右脑的能力。左脑擅长表达顺序、逻辑和分析,右脑则是非线性的、直觉的、综合的、整体的,完成任何一项任务都需要左右脑的协同配合。因此,对右脑思维的开发越来越重要。

目前中国的教育模式大多太偏重左脑思维,学校普遍不重视音乐、美术等课程,而这些课程正是在培养学生的右脑思维。像爱因斯坦、李四光、钱学森等杰出科学家,在文学、音乐、美术等方面的修养也很高,左右脑思维发展相当均衡。所以当今中国教育界应当努力纠偏,注重向右脑型思维方向发展。

21 世纪的人才

李开复曾在一篇文章中谈到 21 世纪最需要什么样的人才。他指出:21 世纪更多的工作是靠人的脑力的创造,要靠平等的竞争。当今世界在一定意义上已经没有国界的差别,任何一个国家的人都可以和另外一个国家的人合作或者竞争,任何人都可以接触到、使用到、共享到同样多的信息。21 世纪需要的不再是 19 世纪、20 世纪那种听话的、没有主见的、努力且有毅力的蓝领或者白领,更需要的是这7种人:创造实践者、跨领域合成者、高情商合作者、高效能沟通者、热爱工作者、积极主动者、乐观向上者。

我们不难看到,如今各行各业都特别需要创造能力,处于知识经济前沿的高新科技企业更需要。任何东西都可以很容易被模仿,但人的创造能力无法被模仿,并且创造出来的东西一旦被模仿,保持竞争力的最好做法就是继续创造。所以具有创造力的员工是企业永葆竞争力的最重要的财富。

创造并不是科学家和发明家才能做的事,创造是人的天性,经过适当的创造力思维和技能培训,每一个普通人都可以具备创造能力。创造必须和实践密切结合,一个真正的创造者在每一次创造的时候都忘不了实践,在实践的时候也忘不了创造,二者高度交融。教育家陶行知极力主张“做中学”“行中知”,就是强调行知合一。

当今世界更需要的人才不再是那些能把一个学科学得非常深的人,而是那些把自己的专业学好的同时,能够将专业知识与其他领域知识相结合的人才。如今知识门类越来越多,仅一个电脑软硬件就可能分出几百个专业。一个人的专业知识有限,但是两个人的知识通过交叉碰撞又可以产生新的知识,三个人的碰撞就能产生更多的新知识组合。如果仅在一门学科学得很深入,可能会思维僵化,视野狭窄,反而会失去创造实践的机会。真正重要的并不是要分析得很深,而是怎么横向有机合成,这就是前文谈到的交响能力。学好自己的专业是必要的,但是同时要考虑一下是否还有别的什么专业是你感兴趣的,这两个专业最新的思想能不能结合起来,做一些既有创意又可以实践的东西。

我国特别需要高层次的帅才。这种帅才其实就是那种具备交响能力,能把不同学科的知识有机合成的通才,这样的帅才能率领一批有创造性的人才去解决实践中出现的问题。而目前中国盛行的应试教育却让学生在极狭窄的领域内拼命训练,做大量的难题偏题,以便考试得高分,这样对学生创造力的培育极其不利,与世界发展潮流背道而驰。

情商包括对自己的管理和与别人沟通合作的能力。在全球化的时代,跨领域的合作、跨国度的合作、跨种族的合作,跨语言的合作都越来越多。当今社会最好的一个人才,比如一个程序员、一个研发人员、一个企业家,可能比普通人的生产力高出3倍、5倍、10倍甚至更多,但如果他是一个孤僻自傲、不能合作,甚至导致团队无法工作的人,那么他对这个团队来说,反而是一个干扰因素。

不难发现,中国学生大多表达能力欠佳,在大庭广众之下,往往局促不安,说不清话。原因是中国教育大多是教师满堂灌,学生从小在课堂上很少有提问、讨论、辩论、演说的机会，极缺乏表达锻炼。一个人如果有思想但不能表达出来，他其实就是一个没有思想的人。在信息爆炸的当代，再好的信息传播渠道最终还是要经过人来传播。人传播信息靠沟通，一个人的沟通能力如果很好，便可以把很难懂的东西简洁、清楚、生动、通俗地传播给别人。一个人沟通能力很差，别人就可能认为他没有思想。所以沟通能力是非常需要学习的。沟通的时候一定要理解你的听众，你要知道你的听众在想什么，听众从你的讲话中能得到什么信息。还要注意说话的方式，避免说教，而应该采取平等的引导启发的方式。当今每个人都有想法，那些最有思想并最会表达沟通的人会得到更多的展现自我的机会。

这里所说的高情商合作者、善于表达沟通的人，就是具备了前面谈到的高感性能力。

如果你做的工作是你非常热爱和感兴趣的，那么你可能在睡觉、洗澡、吃饭时都在想你的工作，你就会充满激情地去做你的工作，你会认为工作是一种享受，工作效率也最高。孔子说过“知之者不如好之者，好之者不如乐之者”，如果你能找到你最爱的职业，你的一生都会过得比较快乐和高效。如果你处在人生的重大选择关头，比如说考大学、考研、工作、出国等等，这时你要慎重地去选一个你真正喜欢的专业，不要去赶时髦、随大流，而且要有跨领域合作的思想。这并不等于说你过去学的是一个不喜欢的专业，就要立刻换专业。即使你不喜欢你的专业，也可以在这个专业里面尽量找一个你比较喜欢的学科方向。你也可以在一个你认为你比较喜欢的专业和你现在不喜欢的专业之间的交叉学科找一些机会。有些学校开设了大量的选修课，供学生自由选择，培养了学生主动选择的习惯，对他们今后的发展极为有利。

当今社会，选择的机会越来越多，人一生只在一个单位只做一样工作的情况已经很少了。有了选择机会，就要积极主动，这时最需要管理好自己。一个积极主动者一定对自己很负责，因为如果你自己不在乎自己，没有别人会比你更在乎你自己，没有人会比你更知道你想做什么。积极主动者，并不只是消极地等待机会，而是积极地把握机会，为自己创造机会。

台湾有位企业家叫张忠谋，他的朋友请他题几个字挂在墙上。张忠谋就写了“常想一二”这四个字。他朋友问什么叫“常想一二”呢？张忠谋告诉他：“我们都说人生不如意之事常八九，因此，我要告诉你常想那剩下的一二件比较如意的事情。”张忠谋从小看了很多大人物的传记，他发现了一个规律——凡是成功者早期都是受苦受难的，他们的生命几乎就是“人生不如意事常八九”的真实写照。这些人之所以能够成功，就是因为他们保持了正面的思考，通过“常想一二”，他们能够克服苦难。苦难对他们来说反而成了生命中最好的养料，为他们未来的成功做了良好的铺垫。人生的如意或不如意，并不是取决于人生的际遇，而是思想的观念。所以，人生的关键在于你有没有“常想一二”。观念有时比事实更重要。

我们看到，李开复谈到的七种人才和丹尼尔·平克谈到的四种思维、六大感知其实是异曲同工的，基本内涵相当一致，都是以创造力为核心。只有明白了未来社会最需要什么样的人才，需要什么样的思维方式，你才能根据自己的兴趣主动选择自己的人生发展方向，并在这种方向的引导下，获得当今和未来社会最需要的创造性本领。

万众创新：从中国制造迈向中国创造

> 大众创业，万众创新。
>
> ——李克强

催人警醒的数字

我国媒体曾经报道：我国汽车总产量逐年上升，如今已经超过一千万辆，但其中90%是国外汽车的“舶来品”，真正拥有自主知识产权的仅占10%。汽车，空调、彩电、电脑、手机……这些我们生活中的日常用品，虽然许多是国产品牌，但核心技术大多来自国外。

科大讯飞公司总裁刘庆峰曾在全国人民代表大会上指出：“中国企业以世界上廉价的劳动力，消耗着大量的能源，承受着巨大的污染，生产出大量的廉价商品。而掌握核心技术的外国人，只需签署一纸技术转让合同，就胜过千军万马，可以抽走中国企业一大半的血汗钱。”

有这样一组令人震惊的数字：我国申请专利数量最多的10家电子信息企业，5年申请专利的数量总和仅相当于美国IBM公司一年申请的专利数量。在医药生物领域，几乎所有药物的专利均为发达国家所拥有。我国的产业链主要集中在加工制造环节，而最重要的两端被跨国公司和国际资本垄断或控制。一端是研发环节，大部分设计和技术依靠引进，另一端是市场营销和品牌资源。而这两端，都是最需要综合能力和创新精神的环节，也是创造利润最多的环节。这说明我国企业非常缺乏自主创新能力。

2015年，李克强总理在考察深圳柴火创客空间时，提出了“大众创业，万众创新”的号召，大众创业的前提和关键是万众创新，没有万众创新，大众创业就是盲目和不可持续的。提高广大民众的创新能力，已成为中国制造迈向中国创造的关键。

为什么我国众多企业缺乏自主创新能力？深入思考一下便会发现：其重要原因之一是我国教育培养出来的人普遍缺乏创新精神和创造能力。

中国教育全面的危机

经济学家郎咸平曾在烟台给企业家做了一次讲座。一位在场的高二女生向他提问:“有学者说我们当下正处在人口红利期,我们今天知道这个说法是错误的。当我们大学毕业以后,我们面临的问题将会更多,我们将面临我们的爸爸妈妈、爷爷奶奶要全部靠我们养活的问题,到时候考大学将会更容易,研究生会更多,以及就业情况更加严峻,我们现在应该做怎样的准备,才能在将来更好地度过我们的人生?”

郎咸平这样回答:“我们搞教育改革的原因是我们看到美国的大学生这么多,就误认为如果我们同样培养这么多的大学生,就可以透过人力资本扩张像美国那样富裕,因为我们到处都是大学,最后发现今年培养出580万大学生,很多人找不到工作。那就是因为,真正需要大学生的是整条产业链中的‘6’,即科技开发、产品设计、企业管理、零售规划、仓储物流、市场营销等等,制造业这个‘1’是不需要大学生的。搞教育改革的人可能不知道美国大学生比例这么高的原因,是因为他们掌控着整个产业链的‘6’,而我们掌控的是‘1’,制造业本身不太需要大学生。科技开发、产品设计、零售规划、仓储物流这些方面需要大学生,可是我们都不掌控。都由谁掌控呢?由欧美各国掌控着。中国长此下去会成为最贫穷的国家,因为我们掌控了价值链中最不重要的一个环节,因为掌控了“6+1”中的‘1’之后,带来的必然结果就是给你们一个最差的自然资源,挖光、用光的自然环境以及被剥削的劳工,我们这一代是最对不起下一代的了。”

郎咸平教授最令人震惊的结论是:“这种错误并不是一个学者或专家的错误,而是整个教育体系出了问题。”

其实我们不难发现,我国的应试教育,已经使亿万学生失去了好奇心、想象力、自主创新能力。由于科技和新经济的变化总是比教育体制变化快得多,我们每个人特别是青少年不能消极等待,消极等待的结果一定是造成社会最需要的创造性本领缺乏。我们每个人只有取法乎上,才能得乎中,才能在竞争中取得先机。那么这个“上法”该是什么样的呢?在必须终身学习的知识经济时代,怎样又快又好又快乐地学习,获得社会最需要的创造性本领,已经成为每个人面临的重大问题。

“生存还是死亡,这是个问题!”哈姆雷特之问,又一次鸣响在每个人的耳畔!

工作、工作，哪里去找工作?

深圳每年都会举办大学毕业生、研究生双向选择招聘会，出乎主办者意料的是，近些年从全国各地涌来十多万大学毕业生、研究生、留学生，而招聘会只能提供两三万个职位。每年招聘会现场都人头攒动，人山人海，拥挤不堪，每个招聘摊位前都排起了长队……

据媒体报道，我国目前有几百万大学毕业生和研究生就业困难，这个数字还在逐年增加。农村近两亿的剩余劳动力还在源源不断地涌入城市，求职竞争已经到了白热化的程度。

不仅我国，当今世界各国政府最头疼的都是失业问题，每到经济下滑时期，失业率都居高不下。失业会引发贫富差距拉大、犯罪率上升、社会保障体系不堪重负、社会动乱等一系列社会问题，国家的稳定与就业率密切相关。

在南方出版社出版的《学习力》一书中，美国一位父亲发出了这样的感慨："每次我到幼儿园接女儿回家，望着她那无忧无虑的小脸蛋，我的担忧就愈发沉重起来：可怜的孩子啊！你知道不知道，许多年后，当你踏入社会谋求一份办公室普通文员的职位时，最少会有 8 个同胞与你竞争这个位置，其中包括 2 个耶鲁的博士、3 个牛津的硕士，而另外 3 个则具有 5 年以上在跨国公司工作的经验。到那个时候，如果你不能比他们更优秀，就做好申请救济金的准备吧！"

如果你问问周围的朋友或同事，他们最感恐慌的是什么？十之八九是担心下岗、职位竞聘、孩子就业等问题，也就是担心自己或孩子被竞争激烈的社会所淘汰。即使是有了稳定工作的人，其中许多人也还在努力学习新知识，不断增强自己的本领。甚至现在的各级官员，在社会飞速变化面前，也感受到了本领不够用的巨大压力。

本领恐慌

毛泽东曾经在 20 世纪 30 年代说过："我们的队伍里边有一种恐慌，不是经济恐慌，也不是政治恐慌，而是本领恐慌。"在当今这个变化空前迅速、竞争极为激烈的时代，本领恐慌更加普遍和强烈了。

多少农村外出打工青年因为缺乏本领而挣扎在城市的最底层，生活相当艰难；很多高学历的毕业生因为缺乏现代社会需要的本领而难以找到合适的工作;很多国企职工因缺乏市场经济需要的竞争本领而下岗;很多蓝领工人因缺乏职业技能而失业;有些公务员因为缺乏现代行政管理本领而面临职位竞聘的压力;有些研发人员因为缺乏自主创新本领而开发不出原创性的成果;有些孩子因缺乏学习本领而上不了好的中学、大学;甚至有人因缺乏终生学习的本领而跟不上时代的飞速发展……

本领恐慌已经成为当代职场的“多发病”和“流行病”,已经威胁到每一个人。

如何尽快获得当今和未来社会需要的本领,已成为每个人面临的最紧迫问题。

奇缺创造性人才

令人惊奇的是,如今职位竞争空前激烈,许多大学生、研究生找不到工作,然而一些高新科技企业和跨国公司又痛感招不到合适的人才,特别是招不到高层次、综合性、有持续创造性的人才,许多高新科技职位和高层管理职位空缺,无人能胜任。

深圳有一家研制无线上网设备的通信公司,曾经在人才市场连续招聘3个月,经招聘试用的六十多位博士、硕士,最终无一人被录用。公司人力资源部的经理感叹地说:“这么多高学历的毕业生,怎么就没有一位让我们满意的人才呢?”

如果和高新科技公司或跨国公司的总经理们聊聊,你会发现,他们感到最着急的就是招不到合适的人才,特别是那种既懂专业又会管理、综合素质高、创新能力强、有开拓精神和组织能力的帅才更是难寻。他们想尽办法到处挖人才,甚至借助专业的“猎头公司”四处猎聘。美国一家高科技公司的老总发现欧洲某国有一家公司里有一位人才,为了得到这位人才,该老总竟然将这家公司整体买下!

这真是一个令人惊奇的现象!

一方面,我国大量高学历的毕业生找不到工作;另一方面,众多知识型的高科技企业和机构招不到合适的人才,如此强烈的对比说明了什么呢?

众多专家学者认为最重要最根本的原因是:当今我国教育系统所培养的毕业生大多已经不适应知识经济社会的需要了,教育体制、招生方法、教学方法、学习方法、考试方法,甚至学校形式已经严重滞后于社会的飞速发展,应该全面深入地反思和改革我国的教育体系。

在我国教育体制和教学方法短期内难以迅速改变并适应知识经济社会的情况下,我们每个人都应当思考:既然当今和未来社会最需要具有创造力的人才,那么什么样的教育才能培养出这样的人才?采用什么样的学习方法才能成为这样的人才?什么样的环境才可能培育出这样的人才?

只有当中国的教育体系能够培育出大批具有创造力的人才,中国制造才可能真正迈向中国创造,万众创新才可能推动万众创业,中国才可能成为一个创新型的国家,中国梦才可能落到实处。

那么,应当怎样培育创造性人才呢?

学习诸葛亮：独观大略

> 不谋全局，难以谋局部。不谋长远，难以谋当下。
>
> ——周有光

智慧的化身：诸葛亮

诸葛亮是我国家喻户晓的智慧化身，他的智慧是怎么获得的呢？原来，他的智慧全靠独特的学习方法得来。

在《三国志·诸葛亮传》中，有这样的记载："亮在荆州，以建安初与颍川石广元、徐元直、汝南孟公威等俱游学。三人务于精熟，而亮独观其大略。"

诸葛亮与别人学习方法的根本不同之处，就在于"独观其大略"，即一般人喜欢从小的方面、枝节方面、战术方面读书或研究事物，虽刻苦努力，"务于精熟"，却容易深陷细节之中不能自拔，见树不见林，重术不重道，忽视战略，缺乏把握大局、方向、长远的能力。而诸葛亮却善于从大的方向、整体方面、全局方面、战略方面读书，不执着于细节，因此，他的眼光和智慧在一般人之上，看得大，看得远，看得宽、看得深，还未出山，就超前为刘备定下了三分天下、鼎足而立的战略，后来的事实证明了他的预见是惊人的准确。

世界进入知识经济时代后，终身学习成为每个人的迫切需要。我们不难看到，许多人非常热爱学习，参加了许多业余培训班，考了许多文凭。但在耗费了大量精力和财力之后，文凭是有了，却发现自己的创造本领并没有增加多少，学的知识在工作中很少用得到并很快过时，自己的综合素质也没有明显提高，大量的时间和金钱似乎被浪费了。中小学生更是把最宝贵的童年和青少年时光耗费在大量做练习题、难题、考试上。其实，工作之后，那些做题和考试技巧大多并没什么用，甚至那些做题的套路有时反而束缚了人的创新思维，使人缺乏知识经济时代最需要的创造能力。

当今中国出现了这种令人震惊的奇观：大批的人以学习的名义在大量地浪费自己宝贵的生命时光！

还有什么能比浪费生命更可惜呢？是什么原因使人们学习效果普遍不佳呢？

根本原因就在于人们没有自觉实现学习方法上的战略转变，不善于像诸葛亮那样独观学习方法的大略。

站在巨人肩上

当今中国，很多人都在苦苦寻找最佳的学习方法，梦想着能用最少的时间，获得最佳的学习效果，以便尽快获得在知识经济时代最需要的创造性本领。

在这个学习成为第一需要、终身需要的知识经济时代，使自己成为最会学习的人的最好方法，就是要站在巨人肩上——善于模仿并超越杰出人物的学习战略。

美国哈佛大学有一条学习格言："最有价值的知识是关于学习方法的知识，它是学习力中最讲科学含量、最讲技术操作的品质，其优劣程度决定着一个人学习的成败。"

许多人也在模仿杰出人物的学习方法，但他们往往只重视学习方法的技巧和细节，只重视局部和战术方面，而对最关键的战略方面极不重视，不管方向对不对，只埋头拼命"拉车"，而很少抬头看路。其实，战略和方向如果错了，越努力越糟糕，越刻苦浪费的时间越多。

《素质教育在美国》一书的作者、留美博士黄全愈曾谈道，他在中国不少学校演讲时发现，许多老师对"思想"没有兴趣，却要求他多讲素质教育的"技法"。但是，素质教育有没有对任何学生都适用的"技法"呢？"没有！"黄全愈说："没有创造性教育的思想，就谈不上技法。反之，如果有了创造性的教育思想，则每个老师都可能有不同于其他老师、针对不同学生的技法。"也就是说，老师们在从事教学改革时，最容易产生的误区，就是本末倒置，重"技法"而不重"思想"，重战术而不重战略。其实，最重要的不是具体的技法，而是思想，有了思想观念的解放和更新，针对不同情况不同学生的素质教育技法自会如潮水般地涌现。

把传统学习变为创造性学习

在学习领域，许多人也是只重视学习方法中的"技法"，对最重要的"思想"却不重视，其实思想观念的转变才是最重大、最关键的转变，否则行动将是盲目的。

把传统学习变为创造性学习，就是学习方法上的重大战略转变。至于具体的创造性学习方法，都要因人而异。根据自己的内外在条件，选择最适合自己的创造性学习方法，并不存在放之四海而皆准的、统一的“创造性学习技法”。从根本上来说，战术层面的具体“创造性学习技法”是不可全盘照搬的，也是不可通用的，但战略层面的思想观念却有普适性，这方面的转变必须尽快尽早开始。

人最难的就是思想观念的转变，因为一种思想观念一旦形成，往往会影响人的一生，人很容易成为观念的囚徒。观念一旦形成，便会顽固地控制着人们的头脑，支配着人们的观察视角、思维方式、价值取向和行为方式，从而支配一切。但另一方面，思想观念一旦发生根本性的转变，产生的能量也是极其惊人的。

哥白尼把地球中心说转变成了太阳中心说，便推动了整个欧洲的思想解放，引起了一系列的观念变革，现代科学因此萌芽，最终催生了近代科学，引发了工业革命，改变了世界。毛泽东反对红军去攻打中心城市，提出“农村包围城市”的战略，中国革命从此一步步走向胜利。

战略一错，一切皆错。战略转变是最根本、最重要的转变。

战略错了，再好的战术也只会使错误变得更严重。就像旅行的方向错了，再好的交通工具也只能离目的地更远。学习方法也一样，学习方法的战略比战术重要得多，只有在战略正确的前提下，再去寻找最适合自己的战术才是智慧的，方向永远比速度重要。

人们越来越清楚：知识经济社会的竞争是创造力的竞争，创造力要靠学习获得，因此根本点是学习方法的竞争，而最根本的是学习方法战略层次的竞争。谁最先、最早实现了传统学习向创造性学习的战略转变，谁就将在知识经济时代最快地获得创造性本领，世界学习方法的改革也在朝创造性学习的方向努力。目前芬兰、以色列和美国居于领先地位，中国人必须尽快迎头赶上。

诸葛亮能“独观其大略”，你也应当独观学习方法的“大略”，谁最先、最快这样做，谁就将成为知识经济时代的知识英雄，成为当今的诸葛亮。

那么该怎样把传统的学习转变为创造性的学习呢？

第二篇 创造力之源

创造力的培育如百川归海，需要多个源头。大自然是激发创造力的首要源头，其他如实践、信仰、兴趣、系统智慧、通才教育、阅读、提升信息素养等方面都与创造力的培育密切相关，而营造宽容、自由、闲暇的社会环境和教育氛围，也是培育创造力的重要因素。

大自然：创造力的源头

> 问渠哪得清如许，为有源头活水来。
>
> ——朱　熹

日本科学家为什么获得了那么多诺贝尔奖？

2016年10月3日，日本科学家大隅良典获得了诺贝尔生理学或医学奖。

近年来，日本获得诺贝尔科学奖的人数快速增加。21世纪以来获奖人数包括物理学奖8位、化学奖6位、生理学或医学奖3位，共计17位，差不多每年一位。从1949年汤川秀树首次获得诺贝尔物理学奖以来，共有25位日本科学家获诺贝尔奖(包括两位美籍日裔科学家)。2001年，日本出台了《第二个科学技术基本计划》，该计划雄心勃勃地提出：日本要在50年内拿30个诺贝尔奖。按目前的趋势看，这项计划很可能提前实现。

日本为什么有这么多科学家获得诺贝尔奖？日本科学家为什么这么有原创性的科研能力？

许多中国学者研究了其中原因，发现除了日本科学家善于自我反省和勤奋工作之外，日本的科研环境、评价机制、经费保障等因素都功不可没。尤其值得关注的是，日本获得诺贝尔奖的科学家大多有着相对美好的童年，他们大多喜欢亲近自然、探索自然，喜欢阅读、善于阅读，保持了对未知世界的好奇心，而且父母在他们的成长过程中，起到了重要的启蒙和引导作用。

大隅良典从小体弱多病，但他非常热爱大自然，采集昆虫是他的一大爱好。他回忆说："小时候，热衷于飞机模型、半导体收音机的制作。夏天喜欢在小河里捞鱼、捕捉萤火虫，手持网兜在野外一走就是一天。采摘紫筑、野芹菜、木通、杨梅、野草莓，能够感受大自然的四季变迁。抬头看见满天的星星，可以很容易辨认出星座，银河像地上的河流一样奔腾。当时都没有想过做这些事情的意义，但今天作为自然科学专业的分子生物学的研究者，这样的体验，就是一切的原点吧。"

在大隅良典看来，让小孩子从小融入大自然，爱上科学，对世界抱有宝贵的好奇心，是一切创造力的起点。

1973年诺贝尔物理学奖获得者江崎玲于奈指出："一个人在幼年时通过接触大自然，萌生出最初的、天真的探究兴趣和欲望，这是非常重要的科学启蒙教育，是通往产生一代科学巨匠的路，理应无比珍视、精心培育，不断激励和呵护。"

2002年诺贝尔物理学奖获得者小柴昌俊最难忘的，就是小时候在学校后山与同学追逐赛跑、拔农家蔬菜、肆意玩耍的那段童年时光。

2008年诺贝尔化学奖获得者下村修谈及自己为什么走上科研之路时说道："我做研究，不是为了应用或其他任何利益，只是想弄明白水母为什么会发光。"对大自然和周围世界保持一颗好奇心，是引领科学家们走进科研世界的直接原因。

日本的学校也很重视让儿童亲近自然，很多幼儿园和中小学结合地理条件，因地制宜地保留了当地的自然环境特色。

我国明代伟大的药学家李时珍，从小就热爱大自然，善于发现大自然中的各种药用动植物。他的名著《本草纲目》，记载了大自然中的药物1892种，附方11096则，先后被译成英、法、俄、德、日、拉丁等十多种文字，成为国际一致推崇和引用的主要药典。这部巨著不仅对医药，而且对生物、矿物、化学也做出了重要贡献。

在写作《本草纲目》的过程中，李时珍不辞辛劳，深入考察大自然，先后到河南、江西、江苏、安徽等地，收集标本与药材。他治学态度严谨，一丝不苟。为了证实前人所说"穿山甲诱蚁而食"，他便亲自动手解剖穿山甲，发现穿山甲"腹内脏腑俱全，而胃独大，常吐舌，诱蚁食之，曾剖其胃，约蚁升许也"。

大自然是人类生活须臾不可离的生态系统，也是启发人类创造力的源头。人类受山林湖泊的启发，发明了园林；牛顿受苹果落地的启发，发现了万有引力定律；莱特兄弟受飞鸟的启发，发明了飞机；爱迪生受萤火虫的启发，发明了电灯；人类受鱼类的启发，发明了潜水艇……只要稍加留意，就不难发现，人类的许多发明创造，都是受了大自然的启发，只要善于观察和体验，就可以从大自然中获得许多创造的灵感。

"问渠哪得清如许，为有源头活水来。"大自然就是人类创造力的源头，因此，热爱大自然，融入大自然，欣赏大自然，善于观察和发现大自然的奥秘，是培育创造力的重要方法。

实践与创造力

> 纸上得来终觉浅，绝知此事要躬行。
>
> ——陆　游

做中学，行中知

媒体曾报道过这样一则趣闻：挪威政府为了普及电脑应用，在全国聘请了5000名小学生来教老人学习电脑操作，效果非常好。

在20世纪30年代，教育家陶行知先生大力倡导“小先生制”，就是让学生当小老师来教别的孩子。在当今信息社会，孩子在许多方面都比大人懂得多，他们更有资格当小先生了，关键是大人是否能放手和虚心地请他们当老师。

美国学者艾德格·戴尔(Edgar Dale)在1969年得出了“学习金字塔”(Cone of Learning)的实验研究结果。他在美国缅因州国家实验室做了一个学习方法的实验，下图是实验结果的图形化表达。

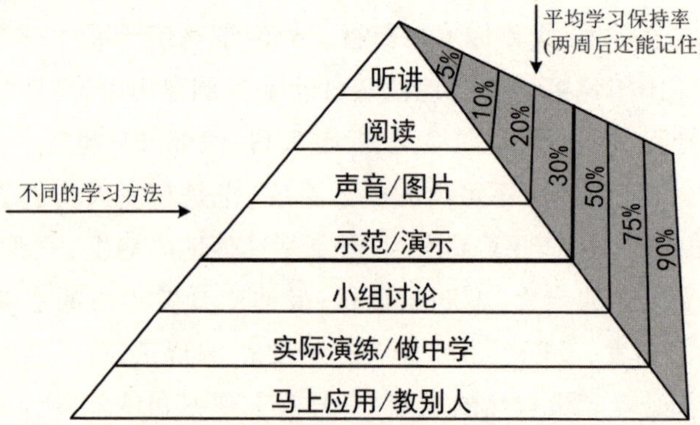

这幅图片很直观地告诉人们采用不同的学习方法会得到不同的学习保持率(即学到的内容两周后还能记住多少)，其中马上应用或教别人、实际演练或做中学、小组讨论这三项效果是比较好的，其中学了马上应用和教别人又是效

果最好的,教别人也是一种综合性的实践。

陶行知先生一贯倡导"生活即教育""社会即学校""教学做合一"的思想。他主张把学校放到社会里去办,使学校与社会息息相关,根据社会需要办学校。他主张:"教的法子根据学的法子;学的法子根据做的法子,事怎么做,就怎么学,就怎么教。"而教学的中心是"做",即实际生活和社会实践。

陶行知极其重视实践,他早年受王阳明"知行合一"哲学思想的影响,曾取名为"陶知行",后来他认为"行是知之始,知是行之成","行"比"知"应当更优先、更重要,从而把自己名字中的"知行"改为"行知",把"行"放在"知"的前面,处在更基础、更中心的地位。他认为"行"是"知"的开始,要在"行"中才能获得"知"。

在教育方法论上,陶行知特别重视学生对知识的实际运用,解决了长期纠缠于中国教育史的"劳心"和"劳力"分离的问题。他说:"在劳力上劳心,是一切发明之母。事事都劳力劳心,便可得事物之真理。"并由此得出学习方法的论断:运用知识,"用心以制力,就是想如何可以把这件事做好,如何运用书本,如何运用别人的经验,如何改造用得着的一切工具,使这件事和别的事相互影响。"在具体教学中,陶行知强调"要解放孩子的头脑、双手、脚、空间、时间,使他们充分得到自由的生活,从自由的生活中得到真正的教育。"

我国古代学者也强调"行万里路,读万卷书",把"行"放在"知"的前面,所有知识都不能脱离实际体验和实践,知识从实践中来,又从运用中回到实践中去检验。这样得到的知识才是真知,知识才能变成实际的本领。

而当今国际教育改革的大趋势,也特别强调面向未来的、从实践中学又在实践中用的研究性学习,这与陶行知倡导的教育理念是一脉相承的。只不过在当今信息社会,如果能充分利用电脑网络等先进的电子通信设备来开展研究性学习,那效果将比那个时代更好。

台湾商务印书馆原总编辑郝明义曾经在他写的《越读者》一书中指出:读书只是人类历史上很短暂的时段,只是过渡时代的现象。读书的坏处是综合运用各种感官的全观能力逐渐退化,容易贬低书籍以外的活知识来源,自以为聪明,其实对真实世界一无所知。不可过于迷信读书,实践才是第一位的。网络能唤醒和恢复多种感官,使人重返原始的全观认知。所以,不脱离实践的、借助网络的研究性学习将给你插上学习的翅膀。

实践比留学更重要

毛泽东学识渊博，智慧超群，文武兼备，是世界公认的巨人。毛泽东没有很高的学历，也没留过学，只上过湖南第一师范，他的学识和智慧是从哪来的呢？

仔细考察一下，便会发现：他的学识和智慧主要从实践中来。

毛泽东在青年时代曾主动放弃出国留学的机会，而更看重社会实践。

1912年，李石曾、吴玉章、吴稚晖、张继等人在北京发起组织“留法俭学会”，教育总长蔡元培大力推动此事。当时在中国年轻知识分子中，掀起了一股留法勤工俭学的热潮。毛泽东、蔡和森等人积极响应，组织湖南优秀青年去法国留学。1918年到达北京准备赴法的湖南青年人数有四十多人，居全国之首。1919～1920年间，全国先后有1600多人到法国勤工俭学。

毛泽东原来也准备出国留学的，但他在组织留法勤工俭学的过程中，却改变了出国留学的打算。他对“出洋”有了新的认识，形成了自己独特的“出洋”理论：求学实在没有“必要在什么地方”的理，时时处处都可以求学。毛泽东认为：“我觉得我们要有人到外国去，看些新东西，学些新道理，研究些有用的学问，拿回来改造我们的国家。同时也要有人留在本国，研究本国问题。我觉得关于自己的国家，我所知道的还太少，假使我把时间花费在本国，则对本国更为有利。”他强调，“‘出洋’两字，对好些人来说只是一种‘迷’。中国出过洋的总不下几万乃至几十万，好的实在很少，而多数人仍旧是‘糊涂’，仍旧是‘莫明其妙’”。

毛泽东更看重在调查研究和实践基础上的自学、共同讨论、问题研究。为了改造旧中国，他主张组织一个高尚、纯粹、勇猛、精进的团体，以便讨论共同的目的和掌握共同的方法，研究怎样去实践，以便将来有共同的破坏和共同的建设，要避免那种个人冥想和“人自为战”的弊病。

在送走赴法青年后，毛泽东决定暂时留在国内研究各种学问。1920年2月，他在致信陶毅时提出，用一两年的时间，将古今中外学术大纲弄个清楚，作为出洋考察的工具。3月14日，又写长信给周士钊，对不出国解释说：“我想暂不出国去，暂时在国内研究各种学问的纲要。”

毛泽东认为暂时留在国内搞研究有以下几点好处：第一，看译本较原本要快捷得多，可于较短的时间得到较多的知识。第二，世界文明分别有西方和东方两类，我们应该先研究过本国古今学说制度之大要，再到西洋留学，才有可资比较的东西。第三，我们如果要在现今的世界稍微尽一点力，当然脱不开“中国这个地盘”,关于这地盘内的情形,似不可不加以实地地调查与研究。这层工夫,如果留在出洋回来的时候再做,因人事及生活的关系,恐怕有些困难,不如现在做了,一来无方才所说的困难,二来又可携带些经验到西洋去,考察时可以借资比较。

毛泽东在长沙第一师范读书时,多次利用寒暑假,与好友到各地进行游学,甚至扮作“乞丐”,去读社会这部“无字之书”。一路上,他们广泛接触社会各阶层人士,了解民间疾苦、风俗人情、历史地理情况,同时写下沿途见闻和体会。他把调查看得比留学更为重要,认为调查“是比什么大学还要高明的学校”。

毛泽东曾经写道:“闭门求学,其学无用,欲从天下万事万物而学之。”他不惜花费很多时间来组建“新民学会”、办工人夜校、主编《湘江评论》、组织学生赴法勤工俭学、主办湖南自修大学。在土地革命时期,毛泽东亲自领导农民运动、进行农村调查、举办农民运动讲习所、培养骨干,成为中国共产党的农民运动专家。

毛泽东深刻地认识到:拯救祖国,振兴中华,首先就要注重实践,注重调查研究,特别注重研究中国社会的实际,把社会改造同了解本国国情紧密联系起来,注重行中知。在调查和实践过程中,毛泽东逐渐形成了“实践出真知”和“把马克思主义的普遍原理与中国革命的具体实践相结合”的观念,中国革命在他的领导下最终取得了成功。

俞敏洪

新东方集团的创始人俞敏洪曾经讲过这样一个故事:

1994年,俞敏洪拿到了美国一所大学的录取通知书,并有奖学金。当时他已经创办了新东方学校,但只有2000人左右的规模,因此美国大学的奖学金和录取通知书对他是极有吸引力的,别人也很羡慕他。这时,他冷静地做了一番思考:如果去美国的话,就能拿到3万美元的奖学金,那等于二十多万人民币。当时在新东方,一年下来,他的净收入也达不到那么多。但他认为如果把新东方的事业做下去,对自己的未来有极大好处:第一,能积累办学的实践经验;第二,这个事业中断了可惜,自己比较热爱这个事业;第三,凭借对自己的能力和对未来的计算,干两到三年后,会有很高的收益,那时即使自费,也有足够的钱到哈佛大学读书。

经过这番思考,俞敏洪毅然把美国大学的录取通知书给拒绝了,放弃了去美国留学的机会，坚持在国内办新东方学校，于是，新东方集团有了今天的辉煌……

从这个故事可以看出：俞敏洪的眼光非同一般。大多数人都有从众心理，在那个出国留学非常狂热的年代，一般人很容易被潮流裹挟。俞敏洪却能超越一般人，毅然放弃多少人羡慕的美国大学录取通知书和奖学金，最后终于取得了比留学更辉煌的成就。

那么，俞敏洪的眼光独特在何处呢？

关键是他实践第一的思想。

在俞敏洪看来，创办和发展新东方学校的实践经验比到国外留学更有价值，从办学实践中可以学到许多创造性的本领，还可以把这些本领直接变为财富，这是在任何课堂上都学不到的。

黎　鸣

我国当代哲学家黎鸣先生在《中国人为什么这么"愚蠢"？》一书中指出："在中国，更有一个特别的断裂文明的情况，即中国的普通劳动者与中国能识文断字的文人几乎是绝对割裂的。同自然物打交道，具有生产劳动经验的中国人几乎全都不能识文断字，而能识文断字的中国文人却又几乎根本不与自然物打交道。这等于说，中国人自古以来的头脑（思维）与手（实践）是几乎绝对割裂的，再加上中国文人的思维根本上又缺乏有意识的逻辑规律性的训练，进一步造成'术'与'学'的绝对的割裂。即使不考虑还有其他许多非常不利的社会体制、习俗等方面的因素，仅因这割裂，已经严重地阻碍了中国人的智慧发展的道路。……中国传统文化中头脑与手，即思维与实践的严重割裂，以及中国文人的思维与逻辑的疏离，造成了中国人的'学'，几乎唯一只有记问之'学'，而根本没有理解、推理、阐释之学，更不要说进一步的抽象思维的建构、创造之学了。"

黎鸣先生指出了中国传统文人人格的两个重大缺陷：由于手脑分离，思维与实践断裂；由于思维与逻辑的分离，"学"与"术"断裂。正是这两大根本性的人格缺陷，使中国传统文人难以把知识变为创造性的本领。

我国当今盛行的应试教育，脱离实践，封闭办学，死记硬背，盲目做难题偏题怪题，不重视动手能力和社会实践，不重视逻辑推理过程和知识的生成过程，不重视引导学生掌握科学研究和发明创造的方法，考试都有统一的标准答案，扼杀独立思考和独立判断，更强化了黎鸣先生指出的两个断裂。

要把知识变为创造性的本领，就必须像梁启超倡导的那样——新民，像鲁迅倡导的那样——改造国民性。根本的入手方法就是从思维与实践结合、思维与逻辑结合这两方面下一番功夫，只有实现了这两个结合，才可能培养出“新民”。

美国人为什么那么重视社区服务和做义工，甚至成为大学是否录取的重要因素，就是为了让学生不脱离社会，不脱离实践，从实践中获得大本领和服务社会的精神。

真知首先从实践中来，再回到实践中去应用检验，从应用中不断完善，这不但是根本的、最有效的学习方法，还是培育创造力和完善人格的根本方法。我们每一个人都应当高度重视实践，在信息社会，人们容易沉溺在虚拟世界中，倡导实践出真知、强调知识在实践中的应用显得尤为迫切。

“纸上得来终觉浅，绝知此事要躬行。”我国南宋大诗人陆游早就有过这种体验，我们今天更应当倍加重视不脱离实践的研究性学习，通过这样的学习，才能获得持续的创造力。

兴趣与创造力

> 知之者不如好之者，好之者不如乐之者。
>
> ——孔　子

砸在头上的砖块

诺贝尔物理学奖获得者、量子力学的奠基人、德国物理学家普朗克走上研究物理学的道路，是一个非常偶然的原因促成的。

普朗克小时候爱好音乐，又喜欢文学，曾经想当一名艺术家。他上中学时，在一次物理课上，听老师缪勒讲了一个能量守恒的故事：一个泥瓦匠花了很大的力气把一块砖搬到屋顶上，砖在屋顶上静止着，似乎没做什么功。但泥瓦匠做的功并没有消失，而是变成能量贮存下来了。多年后，这块砖因为屋顶风化松动掉了下来，正好砸在某个路过的人的头上，这时泥瓦匠贮存在砖块中的能量就被释放出来了……

这个生动说明能量守恒的故事给普朗克留下了终生难忘的印象，引发了他对物理学的浓厚兴趣，从此他转向研究物理学，而且此研究兴趣保持了一生。最终，普朗克成为量子力学的开创者和奠基人，还获得了诺贝尔物理学奖。

一个故事激发出来的兴趣竟然能改变一个人的奋斗方向，进而影响了他的一生，最后催生了一门新学问的诞生，我们怎么能不高度重视兴趣的作用？

跟着兴趣走

在20世纪20年代，曾有一位即将出国留学的北大学生问胡适教授该怎样选择专业。胡适告诉他：跟着兴趣走。胡适自己原来在康奈尔大学学习兽医专业，但实在不感兴趣，后来转学进入哥伦比亚大学哲学系，结果成为了五四时期开一代新风气的哲学家、文学革命的旗手。他说：如果我继续学习兽医专业，可能会成为一个三流的兽医，而难以成为一流的学者。

中外历史上许多著名的科学家之所以能取得重大的研究成果，几乎都是因为他们对科学研究充满了浓厚的兴趣，而且这种兴趣保持了终生。

达尔文从小就对大自然充满了浓厚的兴趣，他很小就开始到郊外收集各种动植物，然后认真地制作成标本。中学毕业后，他应父亲要求去了爱丁堡大学学习医学，因实在没兴趣而中断了学业，后来又转入剑桥大学学习神学，但达尔文仍然把大量的时间和精力花在了阅读生物学书籍和采集动植物标本上。他曾在自传中回忆到："在剑桥的时候，没有一项工作比收集甲虫使我更为热心，更感兴趣了。"后来，正是这种对生物学的强烈兴趣驱使他在1883年登上"贝格尔"号军舰，开始了举世闻名的环球考察。经过长期的考察和研究，他最终写出了轰动世界的巨著《物种起源》，提出了进化论，在科学上做出了划时代的贡献。

蜚声全球华人企业界的管理大师石滋宜博士小时候很喜欢画画，并得过许多奖，他很想将来当个画家。但他父亲告诉他：当画家既不能喂饱肚子也没有前景，你要好好考虑。他仔细想了想，觉得自己的兴趣也不仅仅在画画一项上。他父亲从事国际贸易，常常从国外买很多玩具给他玩，例如老式的照相机，他不仅喜欢玩，还会拆开来研究结构，然后思考原理并重新组合，这种过程使他形成了喜欢研究机械材料和动手的兴趣。他后来根据这个兴趣在大学选读了材料学专业。由于对材料学非常感兴趣，他常常过于投入而废寝忘食，乐在其中，一点不觉得辛苦，后来他成为了材料学专家。

著名物理学家、诺贝尔奖获得者杨振宁说过，孩子感兴趣的东西，通常是有能力自己找出来的。他建议，不管是父母还是老师，都要鼓励孩子发现自己的兴趣，培养自己的兴趣，并且鼓励他将来发展自己的兴趣。

曾经两次获得诺贝尔奖的居里夫人曾经说过："怎么会有人对科学研究不感兴趣呢？有什么能比支配大自然和人类社会的不变定律更吸引人？比起它们来，小说显得多么肤浅，绘画是多么缺乏色彩，神话是多么缺乏神秘，诗歌又是多么缺乏想象啊！"

兴趣与人生

美国一位高中生被哈佛大学录取了，他的父亲给他写了这样一封信："我并不注重你在学校的学习成绩，那是靠不住的，关键是你一定要在学生时代找到自己的兴趣点，并努力去发展它。因为，在你学习的时候，强烈的兴趣会使你全身心地投入。找到自己真正感兴趣的方向，然后全身心地投入进去，激发出你身上的全部潜能，最终在这一领域取得成功，孩子，这就是我希望你做到的。”

根据哈佛大学的研究，如果一个人对他所学的专业兴趣浓厚，那么，他的学习积极性就非常高，通常能发挥他全部潜能的70%～80%。哈佛大学的研究人员曾对1500名大学毕业生做过这样一个调查：希望毕业后以赚钱为目的的有1255位，占83%（A类）；希望毕业后以兴趣爱好作为目标的有245位，占17%（B类）。10年后，1500名毕业生中有100位成为百万富翁，但其中只有一位是当初的A类学生，其他都是追求兴趣爱好的B类学生。也就是说，追求兴趣爱好者几乎有40%的人能够成功，而以赚钱为目的的人能成功的比例却不到千分之一，这在概率论中称为“不可能事件”。这说明，做你最感兴趣的事，只向自己最兴趣的方向耕耘，而不计较金钱的收获，将使你更易成功，也更可能获得金钱财富。相对于兴趣爱好，赚钱只是附带而来的结果。

创造力培育更是如此，如果一个人没有创造发明的兴趣，世界上再好的研究发明方法和工具对他也是没用的。

知之者不如好之者，好之者不如乐之者

我国有许多学习方面的警句，比如“书山有路勤为径，学海无涯苦作舟”；比如“只有不畏艰险努力攀登才能到达光辉的顶点”；再比如“头悬梁，锥刺骨”“卧薪尝胆”“苦战过关”，把学习过程形容得极为恐怖。“苦”“艰险”成了学习的代名词，学习让人觉得不是一个充满乐趣的探索创造过程，而成了受苦受难过程。多少家长在这些警句的误导下，不顾孩子的兴趣和潜能，强迫孩子学这学那。多少学生盲目刻苦，还以为这是“有毅力”，可能最后学成了木讷的书呆子。

孔子说过：“知之者不如好之者，好之者不如乐之者。”对学习的内容“乐之”，也就是有强烈的兴趣，能充分体验到探索创造过程本身的乐趣，学习过程成为享受过程，才能使学习变得自觉和有趣，学习效果也最好，更能把知识学活，变成自己生命的一部分。爱因斯坦说过：兴趣是最好的老师。

在如今竞争激烈的时代，如果你学习的不是你最感兴趣和最擅长的东西，你就不可能出类拔萃，很难竞争得过别人。

兴趣与性灵

在学习上，兴趣是最好的老师，在创造力培育中，兴趣更是最好的导师。

石滋宜博士在《将兴趣发展成自己的核心专长》一文中谈到:“人生跟企业经营一样,就是要发挥自己的核心专长,而个人的核心专长要建立在自己的兴趣上。我在学习材料科学的过程中,更学习到了‘如何学习’的能力。如果你在某一个领域‘专’了之后,就会非常容易进入到其他领域。因为我们在一个领域‘专’了之后,就能从中学到适合自己深入学习与快速学习的方法,有了这些方法,未来不管进入到什么样的新领域,也都能学得好。每个人可能有许多种喜好,可以从中选出最适合自己也最有发展前景的,并将它发展成为自己的核心专长。”

兴趣引导下的研究性学习,能增人性灵。这种研究性学习充满了探究未知的乐趣。兴趣带来的勤奋与盲目的勤奋有质的区别,前者增人性灵,后者戕害性灵。我国著名田园诗人陶渊明说自己读书往往“每有会意,便欣然忘食”。他读书入迷到“忘食”的地步,正因为他“会意”之后觉得“欣然”,也就是强烈地感到了读书的乐趣,这种乐趣是一种高层次的精神享受。林语堂先生在文学上最推崇以袁宏道为代表的性灵派(也称“公安派”),在研究中,我们也应当做个以兴趣为导向的性灵派,这是研究中的以人为本。

未来社会最需要的人是具有自主创新能力的人,这种能力直接依赖于人的性灵,而性灵的开发和保持全靠兴趣。

因此学校老师和家长必须把激发和保护学生的兴趣放在第一位,宁可少学点知识,降低课程难度,也要想方设法激发孩子们对探索和研究的兴趣。但许多老师和家长的关注焦点都在考试成绩上,没多少人关心孩子是否有浓厚的研究探索兴趣以及怎样激发和保护这种兴趣。甚至不少老师对自己教的课程都缺乏兴趣,有性灵的老师越来越少,造成恶性循环。

孩子必须有大量自主和自由的时间来培养自己的兴趣,但许多老师和家长把孩子的时间填得满满的,学校补课,家长找家教,逼孩子上各种培训班,以为学得越多越好,这种状况只会更早地使孩子失去学习和研究的兴趣,很难培养出具有持续创造力的人才。如果在起跑线上就把孩子的性灵给掐灭了,那么孩子必定会输在人生幸福这条终点线或半途上。学校考不到的,社会一定会考到。那时,老师和家长们都负不了责了,只剩下缺乏独立思考和自主创新能力的孩子自己独自面对瞬息万变的社会,到时孩子那种惶惑迷茫是可以想象的。

我们要学习,但要选择增人性灵的学习方法,研究性学习就是最增人性灵的学习方法。

一切知识都是为人的自我认识和自我发展服务的,而不是人为知识服务。

六经应当注我，而不应当我注六经，人不能成为知识的附庸，被知识奴化和异化，而要用知识来为人自身的完善服务。我们要成功，但要追求内外和谐又平衡的成功。世间万物，人是最宝贵的，而人的性灵又是宝中之宝。唐代诗人高适诗曰：性灵出万象，风骨超常伦。性灵使人风情万种，潇洒飘逸，自然形成脱俗的风骨，生活品位和格调自是非同一般。有性灵的人最美，最可爱，最有创意，最有品位。性灵丰沛的人越多，社会便越有格调。有性灵的民族才能人才辈出，创意无限，朝气蓬勃。

态度决定一切，对大自然和人类社会有了强烈的兴趣，并且根据兴趣选择了具体的研究方向，那么创造力的培育才算真正地开始了。

通才与创造力

> 如果没有早期的音乐教育，我将一事无成。
>
> ——爱因斯坦

李四光与小提琴独奏曲

我国第一首小提琴独奏曲是谁创作的？说来让人不敢相信，是著名地质学家李四光！

李四光早年留学法国时，于1920年在巴黎创作了我国第一首小提琴独奏曲《行路难》。这首曲子于1990年被发现时，令音乐界赞叹不已。李四光在20世纪二三十年代曾经以写作出名，鲁迅还和他论战过。他创立地质力学时，是否会由小提琴曲和文学激发出来灵感呢？

音乐、文学、地质学是这样神奇地凝聚在同一位科学家身上！

我们不难发现，凡有持续创造力的杰出人才，大多是修养很全面的通才，比如著名科学家钱学森，不但是导弹专家，对文学、音乐、绘画、摄影都很精通，他在上海交通大学学习时，还是学校乐团的圆号手。

如今我国许多大学生将大量精力放在电脑、外语、财经等实用的专业知识上，对一些关系到精神世界的基础性课程，特别是人文艺术课程很不重视，只愿学马上就能用上的"技能"，不愿全面地提高自己的文化艺术修养，特别不重视培育深厚的精神底蕴，不那么向往浩瀚的精神世界。我国中小学更是一心只为高考，早早在高中阶段就开始分文理科了，在极狭窄的学科里拼命做题训练，使学生的精神世界日益窄化，被著名哲学家、宗教学家任继愈先生称为"竹竿型"人才。其实这样做极其短视，与信息社会的发展趋势及教育的根本理念背道而驰，学生中很难涌现出有持续创新能力的杰出人才。

做有思辨能力的通才

美国耶鲁大学终身教授陈志武在《中国经济转型需要教育改革》一文中写道："这些年看到这么多从国内培养出来的杰出高材生，他们在专业上这么突出，但思维方式那么僵化、偏执，社会交往能力又那么差，除了自己狭窄的专业就不知道怎么跟人打交道、怎么表达自己，让我非常痛心。由于国内教育体系以及教育理念的僵化，绝大多数中国人再好也只能做些技术活，难以在美国社会或其他非华人社会出人头地，这些都很悲哀。原来没有全球化时不知道这些，但现在中国人也走出去了，跟其他文化、教育背景的人在一起，就知道彼此的竞争优势与劣势了。这些问题的根子都出在教育上，包括正式的学校教育、家庭教育和社会文化教育。"

我们的家庭教育、学校教育、社会文化教育为什么培养不出思维方式灵活、社会交往能力突出、表达能力强、有创新精神和能力的学生来呢？陈志武教授认为根子在我国的教育方式和教学内容太落后。

那么关键落后在什么地方呢？

陈志武教授写道："中国经济今天以制造业为主体，这当然就需要有很多的工程院士，大学要培养很多的工程师。相比之下，美国的服务业占 GDP 的 85％以上，所以美国的教育体系侧重点就不同，是侧重通识教育，培养通才。在中国和日本变为世界工厂之前，几乎所有的美国州立大学和一些工程学院都非常侧重技能型的工程学科，像中国的大学一样侧重理工训练。但是，我发现过去的四五十年，特别是近三四十年，随着制造业向日本、韩国和中国转移，美国大学的教育内容经历了一个全面的转型，转向通识教育。所以，在耶鲁大学，我们对本科生的培养理念是：任何一个在耶鲁读完四年大学的毕业生，如果他从耶鲁毕业时，变成物理、电脑、化学或者是任何领域的专家，我们会觉得那是一种失败，因为我们不希望四年大学教育是培养专家，让他们在某一领域里面投入那么深，而忽视其他更广泛的做人、做公民、做有思辨能力的人的机会。我们不主张他们在某个工程领域、科学领域、社会科学领域在大学时期就成为专家。如果有学生在大学四年时真的成了专家，我们不以为那是一种成功，反而会是一种失败。"

原来，建设创新型国家，关键在于"通识教育"，也就是要大力培养有思辨能力、公民意识、懂得做人的通才。

陈志武教授指出:“中国的教育侧重硬技术,由此产生的人才结构使中国即使想要从制造业往服务业转移也困难。产业结构也受到教育内容约束。在中国,从幼儿园到小学、大学、再到研究生,一直都强调考试,强调看得见摸得着的硬技能,特别是科学和工程几乎为我们每个中国家长、每个老师认同,这些教育手段、教育内容使中国差不多也只能从事制造业。为了向创新、向品牌经济转型,就必须侧重思辨能力的培养,而不是只为考试;就必须也重视综合人文社会科学的训练,而不是只看重硬技术、只偏重工程思维。离开市场营销、离开人性的研究,就难以建立品牌价值。”

教育要侧重思辨能力的培养、重视综合人文社会科学的训练、要研究人性,可这些方面恰恰是中国教育最不重视的。据北京一家教育研究机构的调查,中国大学生普遍不重视训练独立思考能力的阅读,极少读经典名著,极少读专业性和学术性的书,因无聊打发时间而阅读的现象比其他阶层更多,这对他们今后的人生发展极为不利。

爱因斯坦之谜

一百多年前的1905年,年仅26岁的爱因斯坦在德国《物理学年鉴》上连续发表了5篇论文,其中最重要的是提出了狭义相对论、光量子假说、光电效应的3篇论文。爱因斯坦同时在这三个领域做出了开创性的贡献,彻底改变了人类的时空观,使人类改变了对运动、能量、光和力这些基本概念的理解,引发了物理学的革命,震动了全世界。相对论和量子力学是20世纪最重要的科学发现,它们不仅为人类提供了从微观夸克到宏观宇宙的物质和运动的图像和规律,丰富了人类的物质观和宇宙观,而且为20世纪技术的发展奠定了科学基础。

爱因斯坦为什么这么有智慧?为什么具有多方面的创造力?

世界上许多人都对爱因斯坦有浓厚兴趣,都喜欢研究为什么爱因斯坦能在物理学的几个领域同时取得如此巨大的革命性成就,而且他还多才多艺学识渊博,会拉小提琴,文笔优美,哲学素养也很深厚,对教育的见解超过许多教育家,讲起话来也幽默风趣,是一位惊人的通才,爱因斯坦的大脑曾经成为医学研究之谜。

在世界上众多的物理学家中,为什么只有爱因斯坦取得了革命性的突破?除了环境和时代条件外,确实与爱因斯坦本人的素质有密切关系。

深入了解一下,就会发现,爱因斯坦最突出的素质是具备法国启蒙思想家狄德罗所说的“精神的浩瀚，想象的活跃，心灵的勤奋”。而其中“精神的浩瀚”起到了根本性的决定作用。只有精神的浩瀚，才可能有想象的活跃，心灵的勤奋才有了依据和来源。

爱因斯坦从小就有强烈的好奇心，并喜欢深入思考一些别人不注意的问题。他 4 岁时就对指南针为什么总是指向南方感到惊奇，很想弄清背后有一股什么力量在起作用。他在 12～16 岁时，就已经熟悉了基础数学并自学了微积分，特别对欧几里得几何学的严密演绎推理体系感到惊奇，他还以浓厚的兴趣阅读了科学家伯恩斯坦写的 6 卷本《自然科学通俗读本》，使他了解到整个自然科学的主要成果和方法。

爱因斯坦 17 岁上大学后，大部分时间都是在物理实验室里做实验，迷恋于同经验直接接触。其余时间，则主要用于自学理论物理学大师的著作。他酷爱思考，特别善于“识别出那种能导致深邃知识的东西，而把其他许多东西撇开不管”，“就是抛掉使头脑负担过重和会把自己诱离要点的一切”，把时间主要用在最重要的事情上。

爱因斯坦对哲学始终有浓厚的兴趣。年轻时，他和几位朋友经常讨论马赫、休谟、斯宾诺莎、罗素等人的哲学著作。这些广泛的哲学阅读和讨论，使他善于抓住事物的本质和总体，从而具有总体观，这是高级智慧的标志。

爱因斯坦还特别有想象力，早在中学时代，他就设想了人按光速运动会看到什么现象？他对音乐、文学艺术都非常热爱，曾经说过“如果没有早期的音乐教育，我将一事无成”。正是爱因斯坦广泛的兴趣和好奇心，形成了他浩瀚的精神世界，成为了很有创造力的通才，再加上时代和环境的影响，促使爱因斯坦最终创立了自己的相对论思想体系，引发了物理学的革命。

独立思考，和谐发展

在当今社会，各种专业多到了吓人的程度，光一个电脑行业，软硬件就不知能分出多少专业来。过去是三百六十行，现在三万六千行都不止，那么在学校该学哪些知识呢？如果学习的内容跟着社会实用知识跑，那么每个人都将难以选择，也将永远滞后。

爱因斯坦说过：“我想反对另一种观念，即学校应该教那些今后生活中直接用到的特定知识和技能。生活所要求的东西太多样化了，不大可能允许学校采取这样的专门训练。除开这一点，我还认为应当反对把个人当作死的工具来对待。学校的目标始终应当是:青年人在离开学校时,是作为一个和谐的人,而不是作为一个专家。我认为在某种意义上,这对于那些培养将来从事较确定的职业的技术学校也适用。被放在首要位置的永远应该是独立思考和判断的总体能力的培养,而不是获取特定的知识。如果一个人掌握了学科的基本原理,并学会了如何独立地思考和工作,他将肯定会找到属于他的道路。除此之外,与那些接受的训练主要只包括获取细节知识的人相比,他更加能够使自己适应社会的进步和变化。”

爱因斯坦强调学校要把培养独立思考和判断的总体能力放在第一位,这是培育人的独立人格的核心内容。而要培养这种能力,精神的浩瀚就是前提和基础,否则独立思考和独立判断就是无源之水和无本之木了。

爱因斯坦在《培养独立思考的教育》一文中指出:“用专业知识教育人是不够的。通过专业教育,他可以成为一种有用的机器,但是不能成为一个和谐发展的人。要使学生对价值有所理解并且产生热烈的感情……他必须获得对美和道德上的善有鲜明的辨别力。否则,他——连同他的专业知识——就更像一只受过很好训练的狗。”他还指出:“过分强调竞争制度,以及依据直接用途而过早专门化,这就会扼杀包括专业知识在内的一切文化生活所依存的那种精神”;与此同时,“太多和太杂的学科,造成的青年人的过重负担,将会大大伤害他们独立思考的能力”。

爱因斯坦特别强调要培育“一切文化生活所依存的那种精神”,这种“精神”其实就是追求真善美的人文精神,要培养这种精神,就必须实行通才教育,并减少过多过杂的学科,减轻学生的负担。

我国著名哲学家冯友兰指出:“所谓‘人’,就是对于世界或社会有他自己的认识、看法,对已往及现在的所有有价值的东西——文学、美术、音乐等都能欣赏,具备这些条件者就是一个‘人’。”在此基础上他又进一步指出,大学教育除了教给人专业知识以外,还应该让学生养成一个清楚的头脑,一颗热烈的心。只有这样,他才可以对社会有所了解,对是非有所判断,对有价值的东西有所欣赏,他才不至于接受现成的结论,不至于人云亦云。

钱学森的母校、诺贝尔奖获得者最多的美国加州理工学院的教授们认为,自然科学最终只能提供知识,而不能提供智慧。智慧是知识与判断的综合,为了取得智慧,理工科学生必须学习人文科学。我国许多专家学者认为,只学理工科的人只能当师,不能当大师,要当大师,必须借助人文科学。

我国建筑大师梁思成先生提出,建筑师应有哲学家的头脑、社会学家的眼光、工程师的精确、心理学家的敏感、文学家的洞察力，但最重要的是，他应是一个有文化修养的综合艺术家。

意大利文艺复兴三杰之一的达·芬奇除了是一位画家、雕塑家、建筑师、工程师与科学家外，还是一位音乐家。据统计，世界历史上各个领域的一千多位有杰出贡献的人物中，70%～80%都受过良好的艺术教育。这说明艺术对一个人的思维能力、想象力和创造性的开发以至精神境界的升华有着不可估量的作用。

德国诗人、作家歌德除了创作出《浮士德》等大量文学名作外，还毕生孜孜不倦地钻研各种自然科学，他的研究涉及生物学、物理学、地质学、天文学、气象学等多个领域，兴趣范围之广，令人惊叹。在达尔文之前，歌德根据动物头盖骨空隙的研究，第一个提出了生物由低级演变到高级的进化论。他反对当时流行的以牛顿为代表的"分析法"，即把整体看成是由其中各部分因素拼凑成的机械自然观，提出"综合法"以代替"分析法"。综合法就是根据"有机自然观"，不去孤立地分析个别因素，而要考察全体中的各个因素相互依存的关系。他的思维深度也达到了惊人的程度。

我们看到：中外几乎所有大家，都把追求精神的浩瀚看得非常重要，也正是精神的浩瀚，使他们成为了大家，拥有了持续的创造力。所以我们每个人都应当努力使自己成为一个精神浩瀚、具备独立思考和独立判断能力的和谐发展的人，这在当今信息爆炸的社会尤为迫切。

培育通才的重要方法：STEAM教育

STEAM教育，即科学（Science）、技术（Technology）、工程（Engineering）、艺术（Art）、数学（Mathematics）高度融合的教育。

STEAM教育并不是科学、技术、工程、艺术、数学等几个学科的简单叠加，更不是为了考试，而是在问题或项目的引导下，将这些学科知识融为一体来解决实际问题，或完成一个项目。通过这种方法，把学到的科学、技术、工程、艺术、数学等知识综合运用到实际生活中去。STEAM教育是典型的通才教育，能够培育出学生的创新精神和创造能力。

STEAM教育体系从小培育孩子的动手和实践操作能力，甚至使孩子在几岁时便可能发明一些科技产品。如今STEAM教育正风靡世界，成为世界各国教育界研究的焦点。

目前中国的人口红利正在消失,即依靠廉价劳动力大规模发展制造业来获得经济腾飞已经不可能。据专家预测,未来25年,世界上50%的缺乏创造性的职业会消失。中国未来25年也必须成为世界创造中心之一,急需大量的创造性人才,中国教育必须超前做好准备,从现在就开始培育创造性人才,STEAM教育就是一个很好的抓手。

鼓励孩子独立思考和谐发展,成为一个有思辨能力的通才,拥有持续的创造力,这样才可能适应未来越来越智能化的社会。我们的学校、家长开始行动了吗?

阅读与创造力

我们当今置身于人类有史以来前所未有的知识丰饶时代，却可能因为不会选择，逐渐饥饿而死。

——郝明义

贝佐斯为什么这么有创造力?

喜欢读书的人都知道,美国有一家世界最大的网上书店——亚马逊网络书店,书的销量居世界第一。创办这家书店的老板叫贝佐斯。让人想不到的是,贝佐斯在创办亚马逊网络书店的同时,还邀集了一批航天科学家,研制了一种新型的太空游艇。这种游艇载人不多,进入太空也只能在"次轨道"上运行,但可以垂直发射和垂直着陆。

贝佐斯研制这种低成本太空游艇的目的在于:使游艇每年可以发射52次,让更多的普通人可以到太空旅游,探索太阳系。2006年,贝佐斯开始了第一次发射,尽管当时飞行高度只有87米,离梦想还很远,但实现了垂直起降的想法。贝佐斯目前正耐心地一步步接近他的梦想……

贝佐斯为什么有探索太空的兴趣?为什么能同时在网上书店和航天这两个毫不相关的领域做出创造性的成就?

原来,贝佐斯从小就非常喜欢阅读,他日常读的书有:纳米机器人摧毁地球的科幻小说,石黑一雄的小说《长日留痕》,有关火箭工程的书,丰田汽车的精简生产线企管书,等等。正是广泛的阅读兴趣,使他能同时涉猎两个毫不相关的领域,并都有了创造性的成就。

贝佐斯还非常喜欢在阅读基础上做研究。他上高中的时候曾经写过一篇研究论文——《零重力对家蝇老化速率的影响》,获得了美国太空总署的学生论文奖,并受邀参观美国太空飞行控制中心。参观回来后,他对采访他的记者说,自己的梦想是在太空建立太空饭店、主题乐园,以及能进入太空轨道的游艇。

这个梦想一直在他的心中萦绕,尽管他后来在大学学了电脑专业,毕业后进入金融行业做财务分析，后来又成为亚马逊网络书店的创办人，但他一直没忘自己的梦想，从 2003 年开始了研制新型太空游艇的计划，一步步向自己早年的梦想迈进……

从贝佐斯的经历中我们看到，阅读、研究、梦想、创造有机地结合到了一起，使他获得了超乎常人的、持续的创造力。

越界的阅读

如果你在中国乘坐地铁，会发现许多乘客都在看手机。不仅在地铁上，每天人们只要有空，就不自觉地掏出手机看，大量的时间都花在看手机信息上了，宝贵的人生时光悄悄地在流逝……

台湾商务印书馆前总编辑郝明义在《越读者》一书中指出："我们当今置身于人类有史以来前所未有的知识丰饶时代，却可能因为不会选择，逐渐饥饿而死。"

越来越多的人意识到：用过去的文字阅读经验来应对今天多媒体和网络阅读环境的巨变是不行了，必须彻底转变阅读的观念和方法。

郝明义指出："读书只是人类历史上造纸术出现后很短暂的时段，只是过渡时代的现象。读书的坏处是综合运用各种感官的全观能力逐渐退化，容易贬低书籍以外的活知识来源，自以为聪明，其实对真实世界一无所知，成为迂腐的书呆子，因此不可过于迷信读书。"

网络能唤醒和恢复多种感官，使人重返原始的全观认知。关键在于怎样让文字阅读与多媒体网络阅读相互配合，获得更高的阅读效率，成为一个高水平的阅读者。

新的阅读观把影像、绘画、漫画、动漫、游戏等画面信息看得与文字同样重要。画面应用曾经早于文字，如今也在回归。画面能弥补文字无法表达的内容，好的漫画、动漫、游戏也综合了人生、历史、哲学、科学的大量信息。人应当善读文字和画面两种内容。如今，所有知识的表达，越来越离不开画面，纯用文字表达已经很不够了，二者结合才最佳。

电子游戏的迷人之处是：能满足你渴望知道未来的多种需求，在虚拟世界中中断记忆重新开始，实现人生做不到的事。

在急需创造力的时代，阅读也必须在观念和方法上创新。

首先阅读已经大规模越界。

越界即阅读对象的多元化。如今的阅读不再仅仅是读书、读报、读杂志等纸质的对象,而读电脑网页、读手机信息、看漫画和动漫、看影视节目、听音频广播、玩游戏、参与虚拟现实的体验活动,都成为广义的阅读,而且画面类阅读占用人们的时间也越来越多。在网络与书籍报刊构成的无垠密林里,只有成为超越界限的越界阅读者,才能摆脱旧观念与旧习惯,尽享知识的丰饶。深思一下,可以发现,正是阅读的越界,造成了当今的越界时代。大量的创新事物,都是越界的结果,比如手机,就跨越了阅读、看影视、听广播、玩游戏、购物、交友等多种界限,综合了多种功能。只有高水平、高效率的越界阅读,才能获得持续的创造力。

高水平的越界阅读使人的视野开阔,阅读内容不分中西、文理、古今,只要是优秀的、有价值的内容一概都读,否则眼界有限,难有创意。在当今的全球化时代,尤其要善于从世界看中国,以全球视野来观察、研究中国问题,成为虽然扎根中国、但有全球视野的世界公民。

越界阅读还要掌握高效率、高水平的阅读方法。方法对了,事半功倍,否则会浪费大量的时间。怎样获得高水平的越界阅读能力,是当今全人类的困惑,甚至许多博士教授都存在这种困惑。越界阅读的方法,已成为值得深入研究的课题。谁先掌握了越界阅读的先进方法,谁就有可能获得持续的创造力。

越界阅读的战略

在人生的不同阶段,需要有不同的越界阅读战略。

小学阶段要建立充分的识字和基本的批判性越界阅读能力,并可以从事一些简单的课题研究,以研究带动越界阅读。

中学要倡导随意广泛越界阅读和形成自主研究能力,从研究中发现一个自己感兴趣的方向,进一步提升批判性越界阅读能力。

大学要建一条专门的越界阅读门径,通过选修、旁听、上网来拓展有方向和主线的广博,形成成熟的批判性思维。走上社会后沿着已开好的越界阅读路径继续前行,不断增强发现问题、分析问题、解决问题的能力,在越界阅读中随机遇到其他的奇花异草,可另辟越界阅读的蹊径。

郝明义认为:“人生是最大的圆,其中包含了许多中圆和小圆。越界阅读是许多中圆里最大最丰富的,教科书只是这个中圆里许多小圆中的一个。”

他把学校的学习内容形象地概括为:教科书——浓缩维生素;练习册——

考试兴奋剂;补习班——提供大量兴奋剂的小型派对。

教科书是人类历史上很近的一段时间才出现的,一开始只是给老师用的。教科书相当于维生素,但维生素是可以由天然食物获得的,因此教科书只是可选项之一,是各学科的大纲和索引工具,因此并不应独尊,也不应成为考试的唯一标准。考试只是检查服用的维生素和兴奋剂够不够多,并不能检测出身体是否健康。

中国语文教育的危机是:让学生大量服用维生素和兴奋剂,并用频繁的考试来检验服的够不够多,很少完整地读真正的好书,极为缺乏训练批判性思维的越界阅读,更少读经典名著,极少读专业性和学术性的书,因无聊打发时间而越界阅读的学生比其他阶层更多。

先进教育体系在阅读上的突出特点是:中小学相对放松自由,广泛越界阅读,尤其重视阅读经典名著,从阅读过程中引导学生发现自己的兴趣。通过大学前一两年的通识教育,最后学生自己选择专业主修课程,开始自觉地开展主题性的越界阅读。

中国语文教育改革的方向应当是:大量减少做题和考试,时间更多用在越界阅读经典和有益的内容上,学会批判性地越界阅读,以奠定一生的精神根基。

阅读的方法

在信息爆炸的时代,阅读方法越来越重要。方法错了,会浪费许多时间。

世上并没有统一的、标准的、适合所有人的阅读方法,最适合你的方法就是最好的方法。阅读时,应当什么方法都试试,然后逐渐找到自己最感兴趣又效率最高的方法。

形成了自己独特的阅读方法的标志是:知道什么样的内容,适合用什么样的读法。许多杰出人物,都摸索出了自己独特的阅读方法。

陶渊明的阅读方法是:好读书,不求甚解,每有会意,便欣然忘食。这是感觉型随意读书,享受与书共鸣的会意,能读出自己的灵气和洒脱,与法国散文家蒙田倡导的方法很相似。

诸葛亮的读书方法是:独观其大略,即在阅读中注重大的方面,如战略、方向、重点、方法、趋势、原理、观点等内容,不执着于细节,不迷信,始终有自己独立判断,读出自己的大气和战略眼光。

苏东坡读《汉书》采用主题导向的八面受敌法:第一遍只读与治理之道有关

的内容;第二遍专读人物言行;第三遍关注官制;第四遍琢磨兵法;第五遍研究货财……这是主题导向的研究性阅读,能全面深入地理解阅读内容。

朱熹的读书方法是:熟读精思,熟到言若出自己之口,精到意若出自己之心。阅读经典著作适合用此法。

西方人普遍采用的阅读方法是:

基础阅读:偏重识字。

检视阅读:快速掌握一本书的概况。

分析阅读:深入理解作者的意图,即他要问的问题、分析和解决问题的方法和程序。掌握全书的大纲,发现隐藏的骨架,能找出并弄清作者使用的关键概念,看出关键处,与作者进行讨论、思辨,扫清概念迷雾。

主题阅读:针对一个主题,同时阅读好几本书,进行对比、研究、思辨、写出研究专著或论文。这是最高层次、能涵盖其他层次的阅读。

美国语文老师大多擅长引导学生开展主题阅读。他们大多自主选用小说而不是教科书作为教材,而且根据学生的不同爱好,会同时挑几本小说来供学生自选。他们认为:小说是一种原生态的信息文本,读小说是读真正的书、完整的书,对师生具有挑战性。而语文课本,是经过加工、解释、压缩、简化过的,而且课本还规定了教学内容和方法,比较死板,束缚也大,缺少真正阅读的目的性。而且,在社会、历史等学科中,学生已经读了许多非虚构作品,因此语文课上就应多读虚构作品。

美国语文课的小说阅读强调“主题式研究型”的文本细读,常用做注释、填表格等方法来梳理情节,品味细节,深耕文本。美国语文老师高度重视批判性思维的培养,课堂上特别喜欢讨论,几乎到了无讨论不成课的地步。讨论的范围广泛,可以是小说的主题,可以是小说的人物形象,可以是小说的关键情节,也可以是表现手法。

针对深耕文本中发现的问题,美国语文老师会引导学生用问题驱动,展开头脑风暴,在互动碰撞中,让文本激发出丰富的创意。美国语文老师重视培养学生把作品与现实相联系的融会贯通能力,因此老师选择小说时,更重视甚至偏爱现代作品。美国语文老师在指导学生阅读时,很重视保护青少年幼稚的心灵,让他们对社会上的事情有分辨力和批判性,有同情心和多元价值观。美国语文老师还倡导在阅读基础上的探索式写作,鼓励学生用读书报告、海报等多种方式来展示自己的阅读思考,表达自己的阅读理解,这样更能促进学生的自我成长和创造力的提升。

主题阅读常用的起步方法是:选一个感兴趣的、小的研究题目,特别是让你感动过、怀疑过、好奇过、梦想过的题目,如“蜜蜂的生活”“机器人制作法”“小品文写作法”“动物漫画画法”“微电影制作法”“青春期的爱情”“西方小夜曲欣赏方法”等。针对这些小课题,先找50本相关的书,然后分别使用不求甚解、观其大略两种方法,挑选出一到三本入门书。熟读精思这一到三本书,配合相关网上信息的阅读,自然发现接下来应当读的书或资料,做一个目录索引。

至少找一位导师引路、印证。设定时间表,逐步收集阅读四五十种书,各个方面平衡搭配,每日有日课,随时记录,多和兴趣相近的同伴讨论,长期坚持,绝不中断。在网络上搜集相关资料,古今中外、各种语文兼顾。分别用不求甚解、观其大略、熟读精思、八面受敌法整理吸收资料,分类存入数据库。先就各种书,再就这个题目领域的全貌整理写出心得,最后写出专题论文、报告、专著、随笔、对话等。

阅读时必须做到:眼到、口到、心到、手到。自己对阅读的内容做一番手脚,即写提要、说明、批注、讨论、重新组织、申叙、用自己语言重述、与作者唱和、仿写、写随笔、随感、评论、论文、研究专著等等。

在网络时代,还应善用手机记事本、录音、广播、视频、编辑、共享等功能,将有价值的内容或思考定时存入数据库,随时取用。

检验阅读的成效可用这样的方法:去找这个领域里,公认最顶尖的几个人的最新文章或著作,看是否你能读明白,你所思考的问题,是否已经可以和他们在同一层次上对话。

用小课题引导的研究性阅读获得了第一桶金后,智慧财富的累积才会加速扩张,左右逢源,“钱滚钱”。研究透一个小课题之后,研究任何问题都有方法了。先在一个领域内成为专家之后,进入任何领域都可能成为专家。

阅读中文的方法

中文与西方字母文字很不相同,更有画面感,有独特的魅力。中文之美、表达能力之强是举世公认的。中华民族五千年的文化,流传下来大量思想深刻又精美绝伦的诗词、散文、辞赋、传记、戏曲、小说,韵味无穷、简洁优美的中文迷倒过许多文人墨客,连司马迁的历史巨著《史记》都因为气魄宏大文笔生动而被誉为“无韵的离骚”。一部百科全书式的小说《红楼梦》,居然引发出一门蔚为大观的“红学”!与西方的“莎学”(研究莎士比亚戏剧的学问)双峰并立,成为人类文化最经典的代表。老子的《道德经》体现出来的大智慧得到全世界学者的赞赏，《庄子》表现出的文辞优美与深刻哲理高度交融的境界是其他国家的经典少有的。联合国的文件，总是中文的文本最薄，因为中文可以用最简洁的文字表达出最丰富的内容。汉字书法也成为独特的艺术品，被林语堂先生认为最能代表中华艺术的精髓。

中华文化的精华之一是诗词，唐诗、宋词、元曲是世界公认的中华文化独特的瑰宝。唐诗能用最少的文字表达出人类最丰富最微妙的情感，曾被日本学者认为是世界上最高级的艺术品，是任何民族都达不到的高峰。中国诗词特别讲究意境，这种由意境构成的诗意表达，需要极高的文化艺术修养和语言表达能力。好文章也都有某种诗意，甚至好画都“画中有诗”，音乐中的极品也是“交响诗”，连最理想的生活方式也是“诗意地栖居”。诗是文学中的文学，是民族文化精华的结晶。诗最凝练，但文化含量最丰富，歧义最多，诗无达诂是学术界的共识，当然诗也就最难翻译，甚至几乎不可翻译，一翻译就失去了原诗的韵味和意境。能翻译诗的人，必须中外两种文化修养都很深厚，但这是极高的要求——谁敢说自己已经精通五千年的中国文化？李商隐的《无题》诗“锦瑟无端五十弦”的含义，中国文学界就争论了上千年，一首诗都难以精通，更别说精通包罗万象的文化了。

曾有一位学者称中文是“优雅的贵夫人”，而英文是“健壮的仆妇”，二者根本不在一个文化层次上。蔡元培主张中国要“以美育代宗教”，其中的“美育”首先就是要引导学生欣赏和体验到中文之美。

作为中国人，你要获得外国人文化上的尊重，就必须精读中文的经典原著，这样你才可能吸收本民族的文化精华，形成自己的文化特色和魅力。要做一个自立于世界的、文化艺术修养深厚的中国人，你怎能不学好中文？中文简直就是中国人的文化命根。

作家龙应台曾经说过：“全球化就是用别人能理解的方式表达自己的不同。”我国许多人拼命学外语，掌握了“别人能理解的方式”，可是却失去了“自己的不同”，无法表达自己民族文化的精华和特色。只有精通了本民族的语言文字，才能体验到本民族文化的精华所在，才能最传神地表达出本民族的文化特色，成为在文化上有自主创新能力的人。当今世界，文化软实力的竞争越来越成为各国竞争的焦点，英国的文化创意产业创造的产值已经位居国民生产总值的第二位，仅次于金融业；美国好莱坞大片在全世界创造的票房价值更是惊人。

当今全世界都公认中国是发展最快、市场最大、机会最多的国家，许多外国人都在拼命学中文,以便到中国来找机会。所以,中文在全球化过程中,将扮演越来越重要的角色。

正因为中文有独特之美和极端的重要性,阅读中文就必须有独特的方法。

阅读中文在重视思想内涵的同时,应高度重视吟诵。中文是象形文字,本身就有强烈的画面感。中国诗文讲究跌宕起伏、回环往复的音乐节奏,刻意营造情景交融的意境,而且追求"诗中有画"的画面感。读者只有感情投入、充满激情地吟诵,才能体会到诗文的韵味、意境、作者的心境、诗文蕴涵的情感和人文精神,才能把自己引入诗文营造的氛围中去,从感情上产生共鸣,进而激发自己的生命活力和兴趣。读者应把诗文看成立体的、有温度的、有色彩的、有乐感的、有活力的、有呼吸的鲜活生命体。把诗文读活,才能使自己学活。深情吟诵远远胜过教师天花乱坠、面面俱到的分析讲述,应让学生直接与诗文进行感情和生命深层的交融。

诗文妙处不必多说,读者在深情吟诵中自然可以体验到。有些妙处有时也无法说出来,"此中有真意,欲辩已忘言"。也只有到了"忘言"即不知该用什么词语来形容那妙处时,读者才真正与诗意情境融为一体了,这样才能使诗意渗入读者的生命。所谓"腹有诗书气自华",就是这样的长期吟诵才能使人潜移默化气质优雅。中国古代文人读书很讲究"吟""诵""啸",甚至"仰天长啸",就是这个道理。黄山谷曾说:"三日不读书,便觉面目可憎。"如果像当今语文课上那样解剖式的教法,师生的面目都必然变得可憎,最后殃及中文本身也可憎了。

清华大学附中的韩军博士曾提出吟诵诗文要注意如下 9 个方面:① 正己意:精神饱满、感情专注;② 准其音:发音要准;③ 放其声:放开声音朗诵,可从集体朗诵过渡到个人朗诵;④ 理其层:品味出诗文内涵的不同精神层次;⑤ 揣其意:揣测出作者的意图;⑥ 摹其情:模仿作者的感情;⑦ 想其景:一切景语皆情语,善于从景中体味情;⑧ 演其形:略有些表演动作,特别是眼神的运用很重要;⑨ 熟其文:即熟到能背下来。

经典诗文不但要诵,更要背。先难后易,每天背两三百字有思想的经典诗文。养成习惯后,越背越喜欢背。一次背两三篇不一样的材料,如一篇白话文与一首古诗一起背,不求甚解地大量背。背时,两头易,中间难,要善于抓关键词。这种背的功夫,就是"读书破万卷"中的"破"。久而久之,腹中存货日多,自然下笔如有神,人也会变得高雅脱俗,"文化美容"此之谓也。这样做形远而实近,考试成绩反而会更好。

韩军博士指出教师辅导学生读书应当做到:研讨两三点(不求甚解,直奔语言);美读吟诵;背诵两三百字,持续严格检查。不讲作者背景,不讲段落大意,不讲中心思想,让学生自己在吟诵中体会。教师主要指导学生学会比较、判断、品味大家作品中的立意、谋篇、语言文字魅力。语文课应当是读书课、诵书课、抄书课、背书课,而不是听书课、做题课。这就是多、快、好省的学中文的方法,表面上看起来好像很笨,其实最聪明。电影《阿甘正传》中,阿甘就用傻傻的长跑,征服了多少聪明人跟着他跑。往往最笨的方法,能取得最辉煌的成果。表面上最远的路,往往才是捷径。多少聪明人想走捷径,最后都绕得最远。

以思维为本

在当今知识爆炸的时代,知识的量已经不重要,随时可到网络上去查,而知识的质——思维,越来越重要。

今日学堂校长张健柏强调文科教育应以思维为本。他曾经在一篇文章中写道:“文科要背诵吗? 我认为当然要背诵,但是有两个基本原则:第一是内容必须很经典,必须是很有思想深度的文章才值得背。当学生们思维水平还不高,还不能理解深度思想的时候,多背一些很有价值、很有思想的文章是很有好处的。如果承认文科就是思维教育,你绝对不会把学习重点放到‘文辞优美’的文章上面,特别是在中小学阶段,还必须回避这种文辞优美的文章,以防‘以文害意’。即使《庄子》这种思想性很强的文章,我都不推荐孩子们背诵,就是因为文句太美,怕影响孩子们的思维走上歪路,但是我很鼓励大学生们去读《庄子》,开阔胸襟。中学以后,学生们的思维和分析能力逐步增强,就必须以训练思维和分析能力为主,不能机械记忆和背诵,更别说大学阶段的学习了。可是我们的大学,依然在鼓励背诵和记忆的方式来学习,这简直就是国际笑话!”

张健柏强调要尽早让孩子背有思想内涵的经典,比如老子的《道德经》等,让孩子打下思维方法的根基。孩子越大越要培养思辨能力,这种以思维为本的观点是极有见地的。中国传统文人大多有重文辞优美而不重思想内涵的毛病。中文本身也有有利于抒情而不利于逻辑思辨的缺陷,这是我们在阅读时需要特别注意的。

阅读既要有量,更要注重质,不断提高思维水平。孔子说过:学而不思则罔,思而不学则殆。而先进的思维是科学思维。法国哲学家、数学家笛卡儿曾提出了科学思维的 4 个根本方法:① 凡是我没有明确地认识到的东西,我绝不把它当成真的接受,先当假设;② 把难题分成若干部分来一一解决;③ 按秩序进行思考，从最简单的对象开始，逐步上升，直到认识最复杂的对象，就连那些本来没有先后关系的东西，也给它们设定一个秩序；④ 尽量全面地考察，尽量普遍地复查，做到确信毫无遗漏。在阅读中，思维水平随之不断提高，才是高质量的阅读，才能推动创造力的提升。

读懂了一本书的标志是：你体悟到什么启发？从这些启发，你接下来要去追查什么？做进一步的研究；讲得出来什么地方不明白；不同意作者哪些观点，并能说出理由；可以指出他哪些地方讲得不足。能用自己的语言简明扼要地把上述内容讲出来、写出来，真正消化变成自己生命的营养。

以色列人每年平均读 65 本书，为世界之最。但他们并不读死书，蔑视死的知识，而把提出问题和解决问题的思辨能力看得格外重要。

按照批判性思维的方法来阅读，才能培育出创新精神和创造能力。

高度重视经典阅读

《大英百科全书》第 15 版总主编艾德勒曾在大学读到英国思想家弥尔的自传，其中写到弥尔 5 岁就读了柏拉图的著作，正是弥尔很小就开始读经典著作，才使他成为很有思想原创性的思想家。艾德勒受此启发，从此高度重视阅读经典著作，后来他当上了《大英百科全书》第 15 版的总主编，成为英国知识界的泰斗级人物。

日本明治维新时期的著名思想家福泽谕吉主张学习外国先进文化要先难后易，先学外国文化中最精华、最核心、最优秀的部分，而这些精华就集中在各国的文化经典中。钻研透了这些经典，其他衣食住行等外在的东西便会不请自来。日本明治维新，就是按这种战略推进的，因此取得了巨大的成功。

爱因斯坦说过："别人喜欢钻薄板，我喜欢钻厚板。经典就是文化中最厚的木板。"爱因斯坦之所以有超越常人的创造力，原因之一就是因为他酷爱阅读经典，最喜欢钻最厚的木板。

爱因斯坦在瑞士伯尔尼专利局当小职员时，结交了几位青年朋友，他们经常在一起研读哲学和科学的经典著作和优秀论文。其中有：哲学家斯宾诺莎、休谟、马赫、阿芬那留斯、毕尔生的哲学著作；物理学家安培的著作《科学的哲学经验》、亥姆霍兹的物理学论文；数学家黎曼的著名演讲《论作为几何学基础的假设》；戴德金、克利福德的数学论文；彭加勒的《科学的假设》，等等。特别难能可贵的是，他们虽然都是学理工科出身，但并不重理轻文，尤其喜欢文学艺术。

他们一起读过古希腊悲剧作家索福克勒斯的《安提戈涅》、法国悲剧作家拉辛的作品、英国作家狄更斯的《圣诞节的故事》、西班牙作家塞万提斯的《唐·吉诃德》等，以及其他的世界文学经典作品。他们常常因为某一个观点甚至一句话争论到深夜。

一部经典包含的智慧和思想容量，会超过成百上千本二三流的书。尽早开始读经典，从难到易地深入钻研，未来才可能有持续的创造力。

领兵必有几百亲兵死士，交友必有一二肝胆相照之人。泛读十部书，不如精读一部经典。人生应当有自己喜欢的几本经典，常读常悟。林语堂先生曾经指出：每个读书人都应当在古今中外无数经典作家中找到几位自己最中意的"情人"，只有在和"情人"谈恋爱的状态下，读书效果才最好。在信息海啸呼啸而来的今天，这种忠告更有指导意义。

经典如此之重要，阅读经典的方法更应讲究。

著名学者、美国普林斯顿大学终身教授余英时先生总结了自己阅读经典的方法：先确定自己感兴趣又擅长的专业领域，再就相关的研究课题涉及的范围选出一两部最主要的经典，下切实的精读功夫，以之为基地，以后再随新研究课题扩大到其他经典。久而久之，重要经典便都接触了，读熟了，深入理解了。至于经、史、子、集中最中心的作品，则在闲暇时阅览，一步步扩展对经典的了解。

我国传统私塾是用经典直接当教材的，采用整体感悟和背诵的教法，句子、字词是顺带学会的，理解留待将来有了生活阅历自然就形成了。这就是先难后易的方法，我国许多文化大师的传统文化根基就是这样打下的。这种方法虽然有缺乏分析理解的缺陷，但也有中国文化特色和独特的价值。如今我国的语文教学却反过来了，大多在中心思想、段落大意、字词分析上下工夫，舍本逐末，造成学生的语文水平不断下降。

许多经典著作是哲学著作。哲学追求一层比一层更深的理性思考，是思考的极致——思考终极真理和各式各样的面对宇宙和人生的可能途径。

最适合自己的哲学书是能帮助自己思考得更清楚的书。

主题式读哲学书的方法是：找一个感兴趣的主题或问题；找一个曾对这个主题发过言的你最感兴趣的哲学家；只读他谈此主题的著作；囫囵吞枣读完第一遍，再用写随感、批注、札记、日记、讨论、辩论、综合、论文、演讲、批判等方法进一步精读；知道了作者如此思考后，再看影响他如此思考的前人有谁，他所影响的后人有谁（包括赞成和反对的人）；把这一条线的前后脉络整理清楚，再清晰地写出研究论文。这就是研究性、批判性、创造性地阅读。

每本经典后面的参考书目,就是为读者搜集的一个主题书目群,可作为自己主题研究的参考。

在此过程中能体会到哲学家的思考方向和方法,以及他的阅读书目,对相关历史、文化背景也有所认识,你就得到了哲学领域的第一桶金。

专读一本经典也必须从多个领域围攻,可从思想、结构、文笔、哲学、社会学、心理学等多个角度来攻读,相当于多配几副好眼镜。著名学者王国维就用叔本华哲学来研究红楼梦和宋词,取得了很大的成就。

有些人认为自己年龄大了,读经典是不是太晚了?其实早读和晚读各有利弊,晚读因为有了生活阅历与见识更易与经典发生共鸣。走上社会后,没有考试压力,随意按兴趣或问题选读经典,更易使读经典成为乐事,久而久之能养成不平凡的思路与胸襟。

阅读的平衡

郝明义在《越读者》一书中,把阅读与饮食进行了类比:

主食:是生存需求的阅读——升学、职业、生活、生理、心理、养生等解决现实问题的实用类书。

美食:是思想需求的阅读——从一个间接但却非常根本的方向,思考现实问题的本质是什么,体会生命深处的共鸣,发现思想深处的结晶。

蔬果:是工具需求的阅读——查证不了解的字义、语义、典故、出处等,搜索相关信息、知识。

甜食:是休闲需求的阅读——为了娱乐消遣。

上述分类是相对的,并无明显界限和通用标准,像《三国演义》《水浒传》等小说、柳永的词等流行娱乐作品后来就成为了经典。

阅读要做到上述四种饮食的动态平衡,精神生命才会健康。世上并无人人必须读的书,只有某时某地某人某年龄的人所必读的书。世上也没有什么食物是你必须吃的,你欠缺什么就应当吃什么,目的是保持均衡。

主食阅读的内容包括教科书、职业、电脑、语言、理财、养生、人际交往、励志、心理调节、技能等实用书籍或信息。

主食吃习惯了,容易误以为它们很有营养甚至是饮食的全部。这种书籍在需要时红极一时,比如各种考试辅导书,时过境迁便无人问津。有些主食类书籍只对个人的某段时间有实际意义,如各种技能培训书籍,它们需求变化大,缺乏永恒的价值。主食类书籍读多了,容易错过其他美食,离美食家的品位还很远。

哲学家、教育家杜威说过:"若预先决定未来的职业,再把受教育完全当作就业准备,这会妨碍现在的智能发展。生活的意义是使自觉的生活更趋宽广深化,他愈是只有单一面向的生活,就愈像一个怪物。凡有特色的职业都容易变得唯我独尊,太排他,占用太多的时间精力。因为重视技能与专门方法而忽略了意义,教育应防止这个倾向。"

主食类阅读往往与职业相关,而且范围比较窄。如果只吃主食,你很可能成为一个唯我独尊、没什么生活情趣和创造力的怪物。

要从主食阅读上升到美食阅读并不容易,必须首先认清美食阅读对人生的重大意义。

美食就是古今中外的经典,是人类文化的精华,可以回答多方面的问题。有时难以分辨某种书是主食还是美食,时间自然会帮你——能长时间留存的,就是美食。

再匆忙的生活也一定要抽出时间读读好诗。世界总是往外延扩展了太长时间,如今应当内缩凝聚到人的内心了,要关注内心的情感。如今世界什么都有,就是没有韵律与节奏体现出的诗意,世界似乎不再迷人。

诗是单位字数里浓缩意象最高的文字,是最精致、最简洁、最引人想象的文字。诗可带你飞离地面,可引发你品味休闲的生活,诗与你往往不经意地邂逅,充满诗意的闲暇最易激发出创意。读诗最好读精品的选集,不必评论,全凭感觉去悟。

美食要有一个消化的过程,需要费时、耗力、深挖,容易让人望而却步。普通人进行美食阅读最好有美食家引导才能品味出其妙处,比如罗素写的《西方哲学史》、蒋勋写的《蒋勋说红楼梦》等,罗素和蒋勋等高明的美食家,能引导你学会品尝美食,懂得真正的精华美味是怎样的。这种名家读经典的著作,是理解经典很好的指导。

外国美食容易被不好的翻译糟蹋,可用网上的原文来对照阅读。

蔬果阅读,即阅读字典、百科全书、地图、网上维基百科等等工具书。善用工具书的阅读,才是完整的阅读,工具书也要时时升级更新。

甜食阅读,即阅读言情、漫画、武侠、推理、罗曼史、写真集、八卦新闻、影视等。闲暇时需要把趣味和兴趣扩大,好的甜食能让你立刻转换心情。因此甜食阅读也不可少,但不能为主。

甜食阅读的弊端是:甜食容易排挤其他阅读;不长见识,不辩优劣,缺乏深度思考;与其他食物搭配,比例适当时才能相得益彰。

许多甜食书只需不求甚解;许多主食书只要观其大略;美食和蔬果书则要熟读精思,慢慢细心地品味。

极致的饮食是:能把主食、美食、蔬果、甜食都综合在一起的经典作品,读这样的作品综合效益最好,也最省时间。文学经典作品往往是历史、文化、宗教、小说、诗、哲学的综合,最典型的就是百科全书式的小说《红楼梦》。

网上也有四类食物。网上美食阅读有方便的搜寻、对比、复制、存储、分类等研究功能。网上蔬果阅读更方便,各种词典、百科全书极多。

以教科书、教辅资料、做题、考试为中心的教育必将把学生逼到另一个极端:只吃主食和甜食,享受不到美食和蔬果的精美,会留下精神不健康的长远隐患。

不值得多花时间阅读的书是:标题或书名很吸引人,内容是抄的或复制的;书里主要引用他人的故事;用轻松有趣的内容博你欢心,但有思想内涵的干货不多;假装高深的美食类书;翻译很烂的经典;字典、词典、百科全书的解释不妥(可比较查证),或很久没更新过。

阅读的阶梯

郝明义指出,当今世界有三类文盲:第一类文盲——不识字;第二类文盲——只读智力低弱读物;第三类文盲——在网络与书刊并盛的时代,不知如何享用越界阅读带来的乐趣与机会,被信息海啸淹没。

胡适先生曾主张,阅读应达到即精深又博大的目的,精深是你的专门兴趣和独门研究,唯你独尊,无人能及。博大是以专门兴趣为中心的旁搜博览,几乎无所不知。形成这样的知识结构,你就可能拥有持续的创造力。

一个成功的阅读者,能创造的财富规模、概念、方法都大大超过一般人。高水平的阅读能把他放大、丰富他的生活方式、使生活有意义和趣味。

阅读有这样几层需要不断攀登的阶梯:如何让自己更美好—如何让自己与所爱的人共同美好—欣赏一切抽象的美好—欣赏社会制度的美好—欣赏与自己相异之行为的美好—体会多元知识激荡之美好—体会宇宙的智慧之美。

上述最高的层次,就是中国人常说的"天人合一"的境界,也是爱因斯坦说的"宇宙宗教感情",阅读达到了这种最高的层次,你的创造力就会不断喷涌。

信息素养与创造力

> 不畏浮云遮望眼，只缘身在最高层。
>
> ——王安石

垃圾信息的骚扰

身处当今的信息时代，每个人都会感到：越来越多的信息正向你呼啸涌来……

某大学的李教授刚从外地讲学回来，朋友问他此行的感受，他说印象最深的不是讲学过程，而是回来后受到的信息骚扰。

原来他在讲学期间认识了几个听讲的年轻人。回家后，手机上就陆续收到他们发来的微信：

其一："昨晚我托一只蚊子去找你，让它告诉你我很想你，并请它替我亲亲你，因为现在我无法接近你。希望你不要烧蚊香把它吓跑了！它会告诉你我有多么想念你！"

其二："收到这只被天使祝福的猪，你的财运就会暴涨，你这个月一定会有好运的。"

其三："寂寞的时候想想我，想我的时候来看看我。看我的时候拎水果：橘子、香蕉和苹果。橘子代表你疼我，香蕉代表你想我，苹果代表你爱我。"

李教授说，他现在每天要花不少时间来清除这种"信息"，不胜其烦。

显然，这种调侃的信息，除了年轻人互相逗乐或相恋示情之外，基本上没有多少价值。然而，随着微信的普及，这类信息在微信和短信中所占比重越来越大。许多信息传递情色笑话、政治笑话、赌博信息、诈骗信息。也有些生意人，不管你是谁，就往你的手机上发送商品广告信息。许多人就收到过推销马桶、发电机之类的信息。有些交友网站还用短信推荐美女和帅哥。某地农民组织起来进行短信和微信诈骗，而且相互合作形成了"产业链"。许多农民竟靠这样的诈骗发了财，盖起了楼房，政府可能没想到，有一些"新农村"竟是靠这样的

“电信诈骗合作化”建起来的!

垃圾信息清洁工

几乎每个人都能体会到,所谓“信息爆炸”,并不是有用的、好的信息多,而主要是垃圾信息的“爆炸”。如果每个人统计一下自己一天当中处理信息的时间,可能有很多时间是在清除垃圾信息,而且这个比例还在不断地加大。我们每天扮演着垃圾信息清洁工的角色,多少年轻人每天大部分时间沉浸在垃圾信息中,宝贵的青春时光就这样轻易被信息垃圾夺走了。

其实,在一些信息技术高度发达的国家早已面临这类问题。据统计,包括电子邮件、语音邮件、脸书在内,如今美国职员平均每人每天要处理的信息数量已超过 190 条,英国人超过 169 条。

以英国员工为例,无论是发送还是接收的信息,平均每人每天要处理 48 个电话、23 封电子邮件、11 封语音邮件、20 封普通信件、15 则备忘录、11 个传真、13 条短信及 8 个移动电话,随着微信、微博的迅速普及,中国人处理信息的时间也越来越多了,几乎成了每天最主要的活动之一。

如今,全世界每年出版新书 60 多万种,新增期刊近万种,发表科技文献 500 多万篇。现代知识信息传递之快,升级之勤,令人目不暇接,让人眼花缭乱。美国加州大学伯克利分校的一项研究发现:世界正以每年 1000 GB～2000 GB (1000 GB 约是 100 万亿字节)的速度制造信息。换句话说,整个地球上每人每年的人均信息负担大约为 2.5 亿字节,或说 1 亿多个汉字,平均每个人阅读的信息量相当于每年要读完《二十四史》和《大英百科全书》,这是多么恐怖!

电子邮件正以每年 610 亿封的速度在人们之间传送。很多人每天都在写博客、发微信、写微博,并与数百万人共享,但谁有时间把它们全部读完呢?美国加州大学伯克利分校的研究者们估算:如今一年内,全世界由印刷、胶片、磁盘、光盘或光学形式所储存的信息、数据和知识量相当于 50 多万个美国国会图书馆的馆藏,这相当于人类有史以来所有人说过的每一句话。

全世界每个人都在飞速增加信息重负!

过量的信息真那么有用吗?我们追踪、搜索、接收、阅读信息,却发现难以找到真正需要的、经过科学归纳的、具有针对性的有效信息。值得注意的是,曾被推崇的电子邮件现在也面临着信誉危机。越来越多的人发现,每次当他们满怀希望地打开信箱时,看到的绝大部分却是商业性的垃圾邮件,要花大量的时间清除,如此下去,势必让人感到厌倦乃至愤怒。中国人普遍使用的微信,也占用了大量时间,在各种微信群中发言,在微信朋友圈中发照片和视频,成了许多人每天主要的工作。

信息越多，世界越难理解

最让人不可思议的是,在浩如烟海的信息包围中,人们的信息吸收利用率反而在不断下降。

据美国一家研究机构的调查,美国、日本近年来的信息吸收率仅为10%左右。我们发现,就理解和领会能力而言,头脑中塞满东西和头脑中空空如也同样糟糕。信息过量,就会挤占人们的空闲时间,阻塞了必需的系统深入的思考。人们的谈话、写作,甚至娱乐都被信息过量糟蹋了。信息过量,容易导致人们杜绝任何怀疑,把人们变成了天真的消费者和小市民,甚至把人们的精神世界压榨干了!

更奇怪的是,信息过量并没有让世界变得越来越容易理解,而是变得越来越难以理解,人们的精神世界反而越来越空虚。

过去,信息的作用是帮助人们减少不确定性。而现在,人们拥有的信息越多,理解得却越少。信息来自不同的渠道,具有不同的特点,甚至相互矛盾,人们要花更多的时间确定这些信息的可靠性。信息本身的飞速变化,也使得人们对未来的预测变得更加困难。大学教授普遍抱怨无法跟上本学科领域的研究步伐,哪怕是很窄的专业领域。在学术会议上,已经获得博士学位的人听不懂同事的讲座。专业知识步入极端,已经没有共同的知识主体,没有通用的知识语言,更难取得共识。

美国国会图书馆馆长詹姆斯·比林顿说过:“互联网会缩短人们注意力耐久集中的时间。它用胡乱创造词汇的聊天室破坏了英语语言的基础。互联网严重倾向于最近的信息和最新的资料,比较老的资料很少。一个人可能在互联网上冲浪好几个小时而碰不到任何几年前写的东西。它对记忆具有破坏性,你觉得自己正得到更多的信息,直到发现自己与魔鬼做了交易。你渐渐发生了变化,成为机器的延伸。”

不光英语如此,汉语被互联网破坏得更加面目全非。许多汉语研究专家和作家读不懂网上聊天的话语,网上正在形成一种网络简化汉语,它非中非西,非驴非马,最适合娱乐和搞笑,简洁优美和意蕴深刻是根本谈不上了。

信息污染综合征

一旦单位时间内信息大量涌入，而且所传递内容是完全陌生的，甚至是垃圾信息，你就有可能陷入信息超载状态。

中国人民大学书报资料中心的一位工作人员谈到："我经常有信息超载的感觉。现在我对网络的依赖越来越厉害，上网时间越来越长。网上的新闻要吸引眼球，标题都做得很唬人，让你忍不住看完一条新闻时，再看相关的新闻，不知不觉时间就过去了。其实很多东西对我来说没什么用处，知道不知道并不影响你的生活和事业。"

信息超载已成为当今最严峻的一个问题，越来越多的人都患上了一种新的疾病——信息污染综合征。

一位叫余湘晚的23岁大学生在自己的博客中这样写道："我为了写文章搜索'张爱玲'，为了买东西搜索'化妆品'，网页总是多得让我眼花缭乱看不完。虽然发现不少重复，还是担心会遗漏了重要信息，每个链接都不敢放过，最后头晕目眩地倒伏在键盘上。"

一位叫戴荣的25岁网站客服助理在博客中写道："对于我来说，最新消息永远都在下一秒诞生，获取新鲜资讯的方法永远只有'刷新！刷新！！再刷新！！！'仅仅是在网上登一条广告这么简单的事情，早中晚很可能得到的就是三种迥然不同的价格。因此，在接待每一个客户时，我们原先已掌握的信息也许都是无效的，对于同一信息的重复搜索是我们每天工作的必经步骤。记得，在我最忙的那天光是对网络广告的报价就刷新了几百遍，单单不同位置和时间广告的不同报价就记了足足三张纸，更别提根据报价而改变的公司的网页制作费以及相关的网络服务。也许是白天被迫浏览、记忆了过多的资讯，结果那几天晚上我回到家总感觉头昏脑涨、恶心，连做梦都在不停刷新网页。有两天实在撑不住了，冲到卫生间狂吐一通才缓过劲来。"

据媒体报道，北京和南京几家医院曾经发现多例患者，主诉失眠，莫名其妙地头昏脑涨、胸闷压抑、烦躁不安、性情孤僻、精神萎靡、喜怒无常，甚至紧张性休克。患者多为知识阶层，网络和媒体从业者多发。

据报载，在日本闻名世界的科学城筑波工作的科技工作者，常出现寂寞、心情压抑、沮丧、疲倦、紧张、性情孤僻等症状，医学家称之为"筑波病"。此病的发生就是由于一些人对超负荷的信息缺乏适应和承受能力，导致大脑皮质信息输入与输出平衡失调，是典型的“信息污染综合征”。

国外一位现代病研究专家曾做过一个有趣的试验，他让一组愿意接受试验的人每天看几万张不同的照片，没过几天，这些受试者都患上了偏头痛。而科学研究表明，人的大脑接受信息的能力是异常惊人的，在1/10秒的时间里，大脑可接受1000个信息单元。由于有些人不善于分析处理信息，以致在短时间内接受大量的信息后，大脑受繁杂的信息干扰产生生理病理改变，出现头昏脑涨、心悸恍惚、胸闷气短、精神抑郁或烦躁不安等临床表现，严重的可导致紧张性休克。这些由信息污染引起的征候，便是“信息污染综合征”。

病　因

为什么全世界会有越来越多的人得“信息污染综合征”呢？

北京大学心理系教授沈德灿指出：“那是因为你还是觉得要看，要了解，担心自己因信息缺乏而落伍，跟不上时代。也就是说，压力还是自己造成的，而这直接与你自己的承受能力有关。如此复杂多变的信息洪流很快就会冲垮我们感知世界的能力极限。”

一位叫“铁人”的网友在博客中写道：“进公司后，我被同事们封为‘百晓通’。我每天要在各大网络媒体、BBS聊天室、电视访谈、报纸专栏，甚至上班途中的广播中接受各种消息的轮番轰炸。尽管如此还是担心自己漏掉了什么信息，忐忑不安地在第二天重新开始收集信息。上周参加了一个家在郊区的同学的婚礼。两天后，回到办公室发觉同事们谈论的最新话题竟然是我不知道的。总以为走在信息最前端的我，忽然感到内心迷茫、烦躁不安。看来变成‘百晓通’，也不是什么好事，是时候给自己的大脑放个大假了。”

看来，每个人都必须学会给自己的大脑放大假，否则，信息污染综合征可能成为新的精神癌症。

更为重要的是，如何应对呼啸而来的信息海啸，在海啸中学到真正的创造性本领，而不是“出师未捷身先死”，被信息海啸吞没……

智慧的两极分化

台湾学者李敖曾到北大演讲。北大一位学生问他：对互联网怎么看。李敖回答说：“互联网上的信息良莠不齐，我担心你们的小脑瓜能否有足够的判断力来分辨这些信息的价值。”李敖说出了许多人的困惑：面对互联网中海啸一般涌来的信息，自己该怎样判断其中哪些是有价值的？该怎样取舍？又该怎样整理分析整合？怎样综合运用？

我们发现，世界在互联网的作用下，变得越来越平，但在知识领域里，世界不是平的，智慧的两极分化变得越来越严重。会选择、判断、利用信息的人如鱼得水，本领越来越大。但许多人却被信息海啸冲得晕头转向，垃圾信息充斥头脑，真正有益的知识反而越来越少，甚至会产生知识饥饿症。

电脑网络的始作俑者美国人率先提出了“信息素养”的概念。他们认为，每个人要想在信息的大海上潇洒地冲浪，就必须拥有良好的信息素养。信息素养相当于冲浪的能力，如果缺乏这种能力，你迟早会被信息海啸吞没，即使不被吞没，也会染上“信息污染综合征”。

那么，什么叫“信息素养”？

信息素养

“信息素养”的概念是从图书馆的图书检索技能逐渐演变而来的。由于图书检索技能包含了许多实用的文献资料查找方法，而计算机则是高效、快速的现代化信息处理工具，所以美国人将图书检索技能和计算机应用技能结合起来形成一种综合性的信息处理能力，称之为信息素养。

信息素养含义的发展经历了如下三个阶段：

初期：1989 年，美国图书馆协会下属的“信息素养总统委员会”在其年终报告中正式提出了信息素养的概念，即要成为一个有信息素养的人，他必须能够确定何时需要信息，并且他具有检索、评价和有效使用所需信息的能力。

当时电脑刚开始在美国家庭普及，网络还处在萌芽状态，所以对信息素养内涵的认识还比较简单，主要强调检索、评价、使用信息的能力。

1992 年，美国一位学者在“信息素养全美论坛终结报告”中提出了信息素养更丰富的涵义：

一个具有信息素养的人，他能够：

（1）认识到精确和完整的信息是做出合理决定的基础。

（2）确认一个对信息的需求。

（3）形成基于信息需求的问题。

（4）确认潜在的信息源。

(5) 制定成功的检索方案。

(6) 从包括基于计算机的和其他的信息源中获取信息。

(7) 评价信息。

(8) 组织信息用于实际应用。

(9) 将新信息与原有的知识体系进行融合。

(10) 在批判性思考和问题解决的过程中使用信息。

这个表述就要比前一个丰富多了。因为这时美国电脑的应用已经很普及,网络已开始在军事和科研范围内使用,所以信息素养的内涵就比较丰富了,突出了对信息重要性的认识、问题导向式的信息查询、将新获得的信息与原有知识体系融合、在批判性思考和问题解决过程中使用信息等内容。人驾驭和使用信息的主动性、创造性、批判性得到重视,核心是强调人要做驾驭信息的主人,而不能被浩如烟海的信息淹没,失去人的主体性,被信息异化。这时信息素养强调的是人驾驭信息的思维能力和应用信息解决问题的综合能力。

1998 年,全美图书馆协会和美国教育传播与技术协会在其出版物《信息能力:创建学习的伙伴》中,制订了学生学习的九大信息素养标准,这一标准分成信息能力、独立学习和社会责任三个方面,更进一步丰富了信息素养的内涵。

这九大信息素养的标准是:

◎ 信息能力

标准一:能够有效地和高效地获取信息。

标准二:能够熟练地、批判性地评价信息。

标准三:能够精确地、创造性地使用信息。

◎ 独立学习

标准四:能探求与个人兴趣有关的信息。

标准五:能欣赏信息作品和其他对信息进行创造性表达的内容。

标准六:力争在信息查询和知识创新中做到最好。

◎ 社会责任

标准七:能认识信息对民主化社会的重要性。

标准八:能施行与信息和信息技术相关的符合伦理道德的行为。

标准九:能积极参与小组的活动来探求和创建信息。

当时电脑网络在美国已经非常普及,社会各行各业广泛使用电脑网络,信息文明的雏形已经出现。所以信息素养的涵义中又增加了围绕个人兴趣探求信息、欣赏信息作品、独立学习、社会责任、认识信息对民主化社会的重要性、小组合作探求和创新信息、信息社会的道德伦理等内容，信息素养范围越来越广，几乎成为信息社会公民的基本行为规范了。

信息素养的意义

从信息素养内涵的不断深化中，可以看出：信息素养的内涵越来越丰富，它包括信息能力、独立学习和社会责任三个层次的内容。可以这么说，在信息社会，个人发展的重点就是不断增强自己的信息素养，或说在增强信息素养的过程中学习相关知识和技能、提升独立思考和独立判断能力、善于运用信息来创新、增强社会责任感。信息素养是一条红线，将其他知识和技能贯穿起来了。

信息素养的三个层面相互关联，密不可分，单独谈任何一个层面都毫无意义。独立学习必然牵扯信息能力，信息能力也影响到独立学习，社会责任更以独立学习和信息能力为基础。所以，信息社会最需要的本领之一，就是要培养人的这三方面的能力，而且这三种能力不能分开单独地培养，必须综合性地进行。

在信息海啸呼啸而来、信息污染综合征越来越流行的今天，信息素养已经是每个人迫切急需的救生圈。

“不畏浮云遮望眼，只缘身在最高层。”拥有了良好的信息素养，才能跃升到信息波涛之上，善于判断信息、驾驭信息、利用信息、创造信息，才能成为在信息时代有持续创造能力的人。

所以，对每一个人来说，最为紧迫的是：怎样尽快地增强信息素养？

系统智慧与创造力

当前变革之巨大犹如10次工业革命和宗教改革加在一起发生在一代人之内。

——约翰·普拉特

生活：网

20世纪80年代初，我国著名诗人、朦胧诗的代表人物北岛曾写过一首诗，诗的标题是《生活》，全诗只有一个字："网"。这首诗当时引起了极大的争议，赞之者称这首诗高度概括了人类生活的状况，世上每个人无不生活在各种各样的"网"中，诗意极富哲理性和普世性，而且高度简洁。贬之者称这一个字算不得诗，北岛在故弄玄虚，开了诗坛朦胧怪僻之先河。

几十年过去了，当年极为热闹的争论早已烟消云散被人遗忘，谁也没想到，今天，由互联网和手机编织的一张大网却真的渗透进人们的生活！网上查阅信息、网上购物、网上银行、网上炒股、网上医院、网上招聘、网上参政议政、网上看电影、网上听音乐、网上交友、网上阅读、网上收发电子邮件、网上发表文章、网上科研、网上咨询、网上游戏、网上下棋、网上打牌、网上读大学、网上培训、网上办报刊、网上讨论、网上各种群……渐渐地，人们整个的生活几乎都与网络发生了关系，再加上手机的普及，移动网络与人形影不离，每时每刻都在影响人的一切！

网上虚拟世界对人生活的影响越来越大。由于网络上软硬件变化极快，人们的虚拟生活方式也在快速变化，人类正在快速地、大规模地进入智能社会。

不仅仅是虚拟世界，如今谁都能感到，社会各个领域都在急剧变化，而且变化速度越来越快，那么这些变化的本质和趋势是怎样的呢？

这些巨变最明显的特征是新经济的诞生。当今世界上许多有识之士都认为，再用过去的经济学原理和原则来应对这种新经济是完全不灵的了，经济学面临全面彻底的革新。

这种新经济就像一块看不见的大陆，存在于网络上和各种软件中。这块看不见的大陆对于经济、政治、社会、企业、家庭、文化、教育、艺术的影响却是极为重大的。在新经济的冲击下，旧有的全部价值观迅速被淘汰，似乎一切都得重新来过。

日本战略家大前研一指出，这块看不见的新经济大陆，包括了三个空间：

现金流、信息流可以穿越各国国境迅速自由流通的“无国界经济”空间。

基于互联网的各种通信技术所产生的“数字经济”空间。

以自有资金的百倍、千倍的倍数资金流动的“倍数经济”空间。

这三个无处不在的空间，对旧有的实体经济产生着决定性的影响，如今世界上发生的所有快速变化，几乎都是在这三个空间相互作用和相互影响下产生的。在这个变化迅速的全新世界里，旧有的全部经济原则都完全不适用了，过去的企业经营方法、管理方法、市场开拓方法、收入分配方法等也都越来越不管用了。

新经济也被称为知识经济，新经济实质上是由知识推动的，但深入考察就会发现，知识本身也在发生快速变化。

创造力是以知识为基础的，要想获得持续的创造力，首先就要弄清楚知识本身发生了哪些变化，变化的趋势是怎样的。

网上维基百科

知识社会最明显的一个特征就是知识数量的迅猛增长。人类近30年的科技成果超过了过去几千年的科技成果的总和。我国原科技部部长徐冠华曾在一次讲座中谈道：到2020年，全世界知识总量翻一番只需要75天。有未来学家预言：人类现有知识到21世纪中期只占当时知识总量的5%，其余95%现在还没有创造出来。也就是说，更大的新知识海啸还在后面，现在我们遇到的还只是小波浪。

更深刻的变化是知识组织形式的变化。过去知识的组织形式的典范是百科全书。欧洲启蒙运动期间，以法国哲学家狄德罗为首的“百科全书派”曾经影响巨大，他们编辑各学科的百科全书，极大地推动了知识的发展和普及，引发了后来的工业革命。

百科全书是由各个专业的条目积聚而成。在主编的组织下，各个专业的权威专家把人类庞大的知识分类集合为简练的条目，并存放到一摞书中或光盘里，这种方法把知识以一种严谨而有序的方式整合在一起。

如今，出现了一种新的知识组织体系——网上维基百科。维基百科没有撰写条目的权威专家，而是完全采用民间的自发来建立知识体系。任何一个人都可以撰写和加入条目，并将此条目与其他条目链接起来。如果添加的条目内容是错的，那么某个知识更渊博的人就会加以改正。维基百科有一些基本原则，但整个系统是对普通人完全开放的，那些对条目的增添做出贡献的人，一直保持匿名状态，创造并与他人共享知识。随着时间的推移，全世界人民一起编纂，使这部百科全书的内容越来越丰富，越来越全面，水平越来越高。

维基百科采用的是最为灵活的、适应变化的、开放的知识生产和组织方法，能够迅速反映各式各样的新观点，并随时纠错和升级，人类由此建立了一个全球化的、更广阔、更丰富、更开放、更平等、升级更迅速、人人都可随时免费使用的庞大的网上百科全书，也更易于进行定向快速搜索、下载。当年法国百科全书派的学者们历尽艰辛编写《百科全书》，他们可能做梦都想不到，创造并不断更新知识，撰写权威专业的百科全书，如今已经不是少数知识精英的特权，而成为了每个人都可以参与的事情，知识体系也变平了，因而推动了世界的变平。

与此同时，各种搜索引擎已经从依靠电脑在网络中寻找信息，转变到通过人类专家组了解各领域的知识，再到依靠志愿者跟踪特定领域的知识。网上有个"开放目录计划"，依靠全球的志愿者建立网络知识目录，这些志愿者只对某个特别的领域感兴趣，比如对治疗癌症的关注。这个计划有效利用了大众的智慧，提供了一个方法让网络进行自我组织。知识领域也出现了"看不见的手"和"知识义工"来自动跟踪和升级知识。

我们看到，电脑和互联网使知识的组织和进化形式发生了巨变，这样平等开放动态的知识组织体系必将深刻影响到人们对知识的学习和掌握方式。

无形之物：系统智慧

知识的"质"也在发生深刻的变化。

从前人们一提到"知识"，似乎就是书本上的、文字性的、符号化的、静止的、经验性的、可以由老师传授的、多年不变的东西。而当今知识已经不单单表现为符号和书本，知识的构成已经被极大地丰富了。

如今许多高科技公司，比如微软这样的软件巨头，其公司最重要的价值已经不是厂房、资金、设备、流水线等有形资产，而是其研发人员头脑里和数据库里的创意、见解和信息，以及拥有的专利，因此，资本本身正不断地以无形之物为基础。知识从广义的方面来说应包括数据、信息、意象、符号、文化、意识形态以及价值观。当今的知识工作者正把大量的信息组合成越来越大的模型和知识构架，比如各种数据库和专家系统。在越来越多的创意公司里，员工的感情、激情，甚至想象和直觉等创新素质都日益重要了。

也就是说，大量难以量化无法明示的内容进入知识领域，并成为“知识”中越来越重要的成分。

如今书店里充斥着企业管理类的书，人们越来越重视新的企业经营管理方法，以及怎样思考的知识，努力将旧的思维模式切换到新的思维模式。思考方法日益成为未来企业竞争的关键。

我们可以发现，社会上拥有许多信息、懂得许多事情的人很多，但真正有智慧有思想的人很少，可能连1%都不到，能提出系统理论的人更少。而智慧、思想、系统理论对社会发展的影响越来越大，它们也都是难以量化的无形之物。

美国学者雷斯特提出了编码知识和非编码知识的概念。编码知识是指能够用语言、文字和符号完整表达的知识，也称为显性知识。这类知识可以通过物理手段加以存贮和传播。所谓非编码知识是指难以用语言、文字或者符号准确表达的知识，又称为隐含知识。这类知识很难用简单的物理手段进行传播和复制，要掌握这类知识必须投身于相关的实践活动中，在实践过程中体会和积累，不一定要用文字或符号来表达，如工作的经验、工匠的技能、生活的智慧、禅宗的顿悟、佛教的佛性、艺术创作的灵感，等等。

雷斯特将知识分为四类：未传播的编码知识、未传播的非编码知识、已传播的编码知识、已传播的非编码知识。这些不同类型的知识必须采用不同的管理方式。适应于管理未传播的编码知识的传统官僚机构，已经不能胜任后面三种类型知识的管理了，对应后三类知识的有效的管理体制分别为个性领导、市场调节和团体共识。

雷斯特认为团体共识将是未来知识管理的方向。

如今我国在大力倡导科学发展观，但科学并不仅仅是传统意义上的知识（概念和原理），更重要的是科学方法和科学思维方式。科学方法和思维方式也属于难以量化的无形知识。

当今我国许多有识之士发现中国的教育体系出现了问题，著名科学家钱学森生前5次向温家宝总理发问：“为什么中国的大学总是培养不出杰出人才？”仔细观察和思考一下，就不难发现，中国的家长和教育体系不断在传递一种强大的信息:只要读好书、考好试、就能有出息;只要读好书,就能当官;只要考上大学,就是有本领,只要能出国,就是最大的成功。至于说学生的信仰、道德、懂不懂事、会不会做人都无所谓。只要孩子们听话,好好读书,每门课都考高分就行,最后孩子读书读得越来越没有灵性,眼神越来越失去光亮。孩子们在这种教育体系下,一方面没有学会懂事和做事,另一方面又被各种严酷的考试制度所挤压,最后即使有了高学历,可能也变成了没用的考才,很难成为杰出的人才。

如今高学历的犯罪分子利用高科技犯罪的案例越来越多,金融系统的高学历犯罪分子涉及的金额动辄上亿元,对社会造成巨大的危害。教育界许多人已经认识到,教育的目的之一在于教会一个人深刻的思考,并且善于思辨。但如果教育停止在这里,那么教出来的很可能是一个危害社会的人。对社会危害最大的人,通常就是最善思辨但是毫无品格的那类人。这应当让家长和学校警觉:学生头脑聪明是远远不够的,头脑聪明加上品格优良,才是教育的真正目的。

本杰明·富兰克林是几百年来世界公认的伟人。他发明了避雷针,参与了美国独立战争,提出了“自由、平等、博爱”的名言,是美国《独立宣言》的主要起草人之一;同时他又是作家、画家、哲学家,并自修了法文、西班牙文、意大利文、拉丁文。富兰克林在如此众多的领域做出了杰出的贡献,受到了全世界人民的敬仰,但他在年轻时并不十分成功。后来他经过研究,发现成功的关键在于完善的人格。经过精心的总结,他认为完善的人格包括以下13个原则:节制、寡言、秩序、果断、节俭、勤奋、诚恳、公正、适度、清洁、贞洁、谦逊。他经过刻苦的修炼,把这13项原则变成了自己的13种习惯,最后成为了伟人。这13项原则同样没有强调专业知识,全是做人的品格要求和行为习惯,具备了这些品格和习惯,专业知识并不难学到。

1935年,爱因斯坦在居里夫人逝世时,致悼词的第一段这样讲道:“在居里夫人这样一位巍峨的巨人已经结束了她的生命的时刻,让我们不要仅仅回顾她的工作所带给人类的丰硕成果。领导人物的道德品质比他们纯粹的智慧结晶对于一代人以及对于历史进程也许有更巨大的意义。而智力成果本身与人的品格的关系,也远比通常以为的要密切的多。”

信仰、品格、习惯、是非观念、道德也属于难以量化和编码的无形之物,它们却从根本上决定了创造性人才是否能产生。

我国许多中小学的“基础”观也是相当简单化的。首先是认为知识都是有用的,不需要让学生自主选择,只要尽可能多地吸收知识,把知识的量和难度积累到足够多，再让学生发挥想象力、开展发散性思维训练，就能突生灵感并产生创造性成果。

其实，培育创造力没这么简单。首先，知识并不都是有用的，在杂乱的知识和爆炸的信息面前，选择真正有用的知识和信息是开展创造性活动的基本前提，知识过多或考试过多反而阻碍创造力的形成。培养学生独立思考、独立判断、自主选择、动手操作等能力尤为重要。其次，即使是选择了有用的知识，也还需要进行包括组合、转换等程序在内的知识的再加工，使书本知识能够转变成可为实用目标或创新目标服务的知识 。知识的拥有只意味着拥有了一种可被利用的资源，而知识是否能得到有效的利用，则取决于个体在具体的实践中将书本知识转化为实用知识的效率。

组合与转换知识的过程，包括了判断、分类、整理、排序、调用、比较、推理、想象、综合等思考活动，更需要跨学科的综合联想能力以及灵活的链接能力，而不是在狭窄的学科领域内学习大量深奥的知识。所谓灵感与创新突破，其实就是新异联想、新异组合的产物。我国很多的学生无法把知识变成创造的本领，重要原因之一，就是缺乏这种对有用知识的新异联想、新异组合能力。

在当今信息爆炸的时代，人的大脑应当能够分辨是将知识存入大脑，还是外挂在数据库中，并能随时取用。大脑应当是 CPU，即信息处理器，主要是用来处理信息和思考的，而不是用来记忆的，硬盘和外挂记忆载体才是记忆数据库，二者配合好，才能功能强大。许多学校教育把学生大脑中最珍贵的 CPU 当硬盘来使用了，这样外挂的载体越多，制造的混乱也越多。

可见，对知识的选择、组合、转换、再加工、综合联想、灵活链接、实践操作等能力比知识本身更重要。

今日学堂的校长张健柏曾在一篇文章中指出："最高的思维方式是多元思维模式。世界上只有极少数的人能够学会多元思维方式，因此也只有极少数的文科教育才提供多维思维模式的训练。这种多元模式已经脱离书本和语言，也脱离学科分野。一方面必须要有好老师，同时学生必须具有悟性才能学会。因为大多数的文科教育，到二元思维模式阶段就已经止步了，目前我知道的具有多元思维模式的学科，而且能够有效地实施多元思维教育的，只有道家和佛学(不是佛教)。另外还有艺术类也是多元思维模式，那更是考验悟性的教育了，只有亲近真正的大师才有机会(还不能肯定)学会，跟庸师学习有百害而无一利，只会破坏思维，所以艺术要培养一个人出来，比考上哈佛大学还要难得多。"

有一个例子可以说明这几种思维模式的区别，即对美丑的看法。

一元思维模式：美就是美，丑就是丑，这两者具有原则性的区别，就好像判断好人和坏人一样，一定是有标准的。具有一元思维模式的人喜欢制定各种客观标准，也相信有一个最好的解决问题的方式，如果自己不知道，就在别人那里。而且，具有这种思维模式的人喜欢追求至高至美至大的'境界'，会在一个方向上不断追求，直到无法继续为止。

二元思维模式：美和丑是相对立而存在的，可以互相转化。就如同好人和坏人一样，相对立而存在，并在一定条件下相互转化。这种人生活和性格都将变得比较和谐，容易理解别人一些。这种人更容易成为管理者。

多元思维模式：世间本无美丑善恶，一切取决于人的思维和判断角度。这种思维模式出神入化，具有极高的灵活性。这就是在老子的《道德经》第二、第三章中提到的思维模式。不过大多数人很难真正理解多元思维模式，更谈不上应用了。能够应用自如的人，就是范蠡一级的高人了。"

张健柏先生特别强调培养多元思维模式的重要性，多元思维模式更是难以量化和编码的无形之物。

综合上述，我们看到，当今的知识体系已经变成了一个人人可以参与创造和升级、越来越庞大、系统、开放、结构复杂、表现形式多样、升级更新越来越快的全球化的动态体系，而且各领域知识之间的联系也日益紧密，传播的方式也越来越多样，传播的范围也越来越广，传播的速度也越来越快。信仰、品格、价值观、道德和做人、实践和操作、思维方式、直觉和想象、感情和激情、选择、组合、转换、再加工、综合联想、灵活链接、多元思维模式等等难以编码和量化的无形之物越来越重要。这一系列动态的无形之物，可统称为"系统智慧"。

"知识经济"的提法容易让人把知识理解成传统的可编码和量化的静态知识，没有突出最关键的、动态的、无形的"系统智慧"的内容，所以应当把"知识经济"改为"智慧经济"才更恰当。

可量化和编码的静态知识还不是力量，它们在动态的系统智慧的作用下变成创造性的本领才是力量。

英国数学家、哲学家和教育家怀特海在《教育的目的》一书中指出：教育的全部目的就是使人具有活跃的智慧。而上述动态的系统智慧，就是这种"活跃的智慧"。

获得动态的系统智慧，是培育创造力的关键和重点。

在知识浪潮排山倒海般涌来时，我们每一个人都应当思考：怎样才能获得动态的系统智慧呢？

宽容、自由、闲暇与创造力

思想自由，兼容并包。

——蔡元培

1917 年，蔡元培出任北京大学校长，他以创新精神办学，在很短的时间内，便让北大焕然一新。当时的北大一切均为开风气之先，领中国之潮流，成为兼容、自由、开放的圣地。北大也成为中国近代英才辈出的名校，对中国近代的文明进步产生了巨大的推动作用。

北京大学前身是京师大学堂，辛亥革命后校名虽然由京师大学堂改成北京大学校，但本质并无多大变化，封建主义的一套理论、思想仍然占统治地位。学校像个衙门，没有多少学术气氛。许多教师不学无术，一心只想当官，有的顽固守旧，不容许有新思想进来。学生则多是官僚和大地主子弟。有的学生一年要花几千银元，带听差、打麻将、吃花酒、捧名角，对读书毫无兴趣，却千方百计地去钻营当官。

面对被搞得乌烟瘴气的北京大学，蔡元培上任伊始，便提出了自己的办学理念："对于学说，仿世界各大学通例，循思想自由原则，取兼容并包主义"。他遵循这种办学理念，首先从改变师资队伍入手。

蔡元培反复申明："我素信学术上的派别，是相对的，不是绝对。所以每一种学科的教员，即使主张不同，若都是'言之成理、持之有故'的，就让他们并存，令学生有自由选择的余地。"他这样理解大学精神："大学者，'囊括大典，网罗众家'之学府也……各国大学，哲学之唯心论与唯物论，文学、美术之理想派与写实派，计学之干涉论与放任论，伦理学之动机论与功利论，宇宙论之乐天观与厌世观，常樊然并峙于其中，此思想自由之通则，而大学之所以为大也。"

蔡元培在聘请教师时，只问学问、能力、专长，不问思想、主义、派别，能够兼容和吸纳不同观点的人才。在这种宽容精神的吸引下，中国的各路学术精英群集蔡元培麾下。旧学与新学共存，中学与西学互融，保守与激进竞争。既有主张新文化运动的领袖人物胡适、陈独秀、鲁迅，也有主张恢复帝制的辜鸿铭、刘师培，甚至提倡“情人制”“外婚制”的“性博士”张竞生。陈独秀称赞：“这样容纳异己的雅量，尊重学术自由思想的卓见，在习于专制、好同恶异的东方人中实所罕有。”

辜鸿铭当时是复辟保守派的代表，辛亥革命时，他表示效忠清王朝，反对革命，而且在宣统退位后愤然辞职以示抗议。中华民国成立十年之后，还保留着那根表示效忠清王朝的大辫子。他公开反对文学革命，主张尊孔读经，甚至反对维新派倡议的“妇女不缠足”运动。就是这样一个反动又极端保守的人，蔡元培却把他请到北大任教。蔡元培看重的是他的专长，辜鸿铭在英、德、法留学十多年，打下了扎实的西方文化基础，精通英、德、法、希腊语、拉丁语等多国语言，在英国文学研究方面造诣极深，并积极将中华民族的传统文化介绍给西方。蔡元培慧眼识才，让其在北大讲《英诗》，而不介意他思想是否反动和保守。

刘师培也是一个颇有争议的人物，作为饱读经书的大师级学者，其学术上的成就不容置疑，人们所诟病的，是他的政治立场。早年，他曾是一个激进的革命派，但后来却急剧退化，投靠清朝权臣端方，为其效力，在江浙革命党人起义时充当密探，向端方告密，后来又投靠袁世凯，成为“筹安会六君子”之一，帮助袁世凯复辟帝制。但蔡元培看中的是他的学术成就，因此力排众议，坚请他到北大任中国文学教授，兼任文学研究所指导教师，并为国史编纂处纂辑员，他果然不负众望，成为一名杰出的北大教授。

当时新潮派的学生不断攻击辜鸿铭和刘师培，要将这两人驱除出北大，蔡元培开导他们说：“我希望你们学辜先生的英文和刘先生的国学，并不要你们也去拥护复辟或君主立宪。”《新青年》杂志主编陈独秀，不是学者，没有著作，也不是什么家。但蔡元培很坚定并以最快速度聘他为文科学长。为请到陈独秀，蔡元培不仅到前门小旅馆“三顾茅庐”，坐在房门口等他起床，甚至为陈独秀编假履历，称他毕业于东京日本大学，曾任芜湖安徽公学教务长、安徽高等学校校长等。

蔡元培在各种派别并存的北大实行“教授治校”，设立教务、总务两处，聘任财务等委员时，都以教授为委员。在北大最高的权力者并非校长蔡元培，最高决策机构是教授组成的评议会，重大事情都在评议会上决定。

北大允许校外生旁听课程，正式生、旁听生和偷听生共处一堂。毛泽东在北大图书馆当助理员时就常跑去听陈独秀、李大钊等人讲马克思主义。蔡元培1920年在北大招收女生，首开大学教育男女同校的先河。有人问他：“兼收女生是新法，为什么不先请教育部核准？”蔡元培答：“教育部的大学令，并没有专收男生的规定。”北大各种文化社团风起云涌,如少年中国学会、新潮社、马克思学说研究会、新闻研究会、书法研究会、画法研究会。蔡元培本人还亲自主持成立了一个进德会。各路学生领袖竞相登场,如傅斯年、罗家伦、许德珩、段锡朋、高君宇等,后来他们成为五四运动的领导者和推动者。

北大当时“师生间,问难质疑,坐而论道”,崇尚学术、民主自由的风气已初步形成。针对历史与现实问题,师生发表不同见解,进行辩论争鸣,不受约束和排斥,形成了良好的学风。这也是北大区别于其他大学,吸引一代又一代学子的独特传统。蔡元培的这种宽容思想,容纳了形形色色的学界名流,使北大文化生态多元化,各种思潮自由表达,营造了一个生机勃勃的思想市场。

蔡元培是清朝进士,曾官居翰林院编修,还去德国留过学,对于旧学新学,都有很深的造诣,但他更为人称道的是对不同学派和不同观点的尊重。蔡元培和胡适在《红楼梦》研究中的观点大相径庭,蔡元培代表红学研究中的“索隐派”,力图把小说中的人物与历史人物联系起来,考证“本事”;胡适代表红学研究中的“考据派”,强调有一分证据说一分话。胡适曾讽刺蔡元培的研究方法为“大笨伯猜笨谜”,用词可谓相当尖刻了。可蔡元培并没有因此与胡适交恶,相反,他还千方百计为自己的对手找材料。胡适为了证明曹雪芹的身世,急需清朝人写的《四松堂集》,但是各处寻觅均无果,最后还是蔡元培帮他找到了。凡是北大的学生,在蔡元培面前都可以毫无顾忌地高谈阔论,而蔡元培总是微笑地看着他们,就像一个可以宽容一切的老爷爷。正是在这种宽容的环境下,北大涌现出了大批有独立思考能力的创造性人才,发起了震惊中外的“五四运动”,对中国近代史产生了划时代的影响。

美国著名哲学家、教育家杜威在北大听了蔡元培演讲后,感慨万千:“拿世界各国的大学校长来比较,牛津、剑桥、巴黎、柏林、哈佛、哥伦比亚等校长中,在某些学科上有卓越贡献的不乏其人。但是,以一个校长的身份,能领导一所大学对一个民族和一个时代起到转折作用的,除蔡元培以外,找不出第二个人。”林语堂说:“论启发中国新文化的功劳,蔡元培比任何人大。”许德珩则说:“五四运动”的主力是北大,而其精神上的指导者是蔡元培。

胡适先生说过:“容忍比自由更重要。”没有宽容的环境,特别是兼容开放的多元思想市场,自由也无法容身。2015 年,诺贝尔经济学奖获得者科斯曾给中国一个忠告:“如今的中国经济面临着一个严重的缺陷,即缺乏思想市场。这是中国经济诸多弊端和险象丛生的根源。中国已故的物理学家钱学森也许提示了一个耐人寻味的答案,在与温家宝总理会面时,钱学森提出了一个发人深省的问题，'为什么中国的大学在1949年后没有产生一个世界级的原创性思想家或有创见的科学家？'钱学森之问帮我回答了中国读者向我提出的问题。而就钱先生的问题，我却有个答案，那是因为中国缺乏一个开放的思想市场。"

无数事实证明了：宽容开放的思想市场，是产生创造性人才的必需。

古希腊：自由的奇迹

在人类文明史上，古希腊人是最有原创性的民族，古希腊文化对现代文明的产生有极为深远的影响。

北大教授吴国盛曾指出：古希腊人开启了哲学也开启了科学，从根本的意义上说，哲学是科学的纯粹形态。从公元前500年左右开始，古希腊人中出现了一大批才智卓越的哲学家和科学家，他们是以后许多学科的鼻祖。在这些光辉灿烂的群星中，有最早期的自然哲学家泰勒斯、阿那克西曼德、阿那克西米尼、赫拉克利特、巴门尼德、芝诺、恩培多克勒、阿那克萨哥拉、留基伯、德谟克利特；有人文哲学家普罗泰哥拉、高尔吉亚、苏格拉底；有体系哲学家柏拉图、亚里士多德；有天文学家默冬、欧多克斯、阿克斯塔克、希帕克斯、托勒密；有数学家欧几里得、阿波罗尼、希罗、刁番都；有物理学家阿基米德；有医学家希波克拉底、盖伦；有地理学家希西塔斯、埃拉托色尼；有生物学家特奥弗拉斯特。

这些天才人物许多不仅在一个领域做出了开创性工作，而且在多个领域均有建树。像亚里士多德，几乎在每一个知识领域都发表了他卓越的创见，是一位不折不扣的百科全书式的学者。希腊科学是近代科学的真正源头和先驱，几乎在每一领域、每一个问题上，古希腊人都留下了思考的结晶，都是近代科学的老师。

不仅在哲学和科学领域，在文学、历史和艺术方面，希腊人同样毫不逊色。照样可以列出一长串天才的名字：诗人荷马、品达、萨福；寓言家伊索；悲剧大师埃斯库罗斯、索福克勒斯、欧里庇得斯；喜剧大师阿里斯托芬；历史学家希罗多德、修昔底德、色诺芬；哲学家柏拉图的《对话》是无与伦比的韵文；哲学家亚里士多德也是文艺理论家；著名的维纳斯雕像是希腊雕刻艺术的精彩写照。

希腊人并没有创造出多少物质文明，他们既没有留下造福于后人的伟大工程，也没有做出什么杰出的技术发明，但在精神文明方面却创造了惊人的奇迹。古希腊人不仅创造了光辉夺目的文化成就，而且创造了一种全新的精神，这种精神恰恰是真正的现代精神。

古希腊是科学精神的发源地，世界上许多古老民族，或者只有神话或宗教式的自然观，或者缺乏一个独立的自然界概念。自然界或者被认为是混乱、神秘、变化无常的，或者被认为与人事密切相关的。而古希腊人，首先把自然作为一个独立于人的东西加以整体地看待；其次，他们把自然界看成一个有内在规律的、其规律可以为人们把握的对象；再次，他们发展了复杂精致的数学工具，以把握自然界的规律。对数学的重视，是希腊人最为天才的表现，也是留给近代科学最宝贵的财富。希腊人相信心灵是掌握自然规律最可靠的保证，因而极大的发展了逻辑演绎方法和逻辑思维。在几个特殊的科学领域里，古希腊人成功地将它们数学化，并得出了高度量化的结论。这些领域是天文学、静力学、地理学、光学，它们不仅在古代世界达到了该领域最高的水平，而且为近代科学的诞生起了示范作用。

以上三个方面，希腊人都开科学精神之先河，为现代文明的产生奠定了基础。

为什么古希腊人这么有创造力呢？

众多学者、专家研究了古希腊文化后发现：古希腊人是一个天性自由的民族，他们酷爱自由，不肯屈服于暴君，其民主体制年轻而富有活力；他们热爱生活，天性乐观，每四年举行一次的奥林匹克竞技大会是他们欢乐生活的写照。他们崇尚理性和智慧，热爱真理，对求知有一种异乎寻常的热忱。整个希腊世界，各城邦独立自主、相互竞争，外人可以自由出入各城邦，使得整个希腊呈现出一派百花齐放、百家争鸣的局面，为科学和哲学的发展提供了良好的社会环境。

古希腊文化是一种追求自由的文化，这种文化负载着希腊人的宏大理想而定向于个体自由的全面发展。在这种文化里，“每个个体都被期望成为一个整体的人”，一个全能的多面手。这个“人”被定义为人的典范而最具人性。因此，希腊文化实质是对自由人的寻找和培育。

在世界各国的古代文化中，唯有古希腊文化不以政治权力为中心，没有官本位的观念，而以人的独立、自由和自我管理为目标。古希腊人，尤其是雅典人，以各种方式追求自由和发展自己。诗歌、文学、宗教、艺术、政治思想和哲学，还包括政治生活与自由的生活方式，都是他们自由发展的工具，且构成自由文化的有机组成部分。亚里士多德认为，自由人不应为他人活着。古希腊政治体制经历王政、僭政和民主制。城邦是希腊式国家，它作为公民共同体，是一群平等者一致行动的国家，有别于王制与僭政。所以，城邦与一人统治不协调，它是公民群体的国家。正因如此，人们才把城邦这一政治形式称为“公民政治”。而“公民政治”中，民主是典型的自我管理的政治样式，即便是泛希腊共同体那样的城邦之间的运作也不以政治统一为标志，而是以文化的自由发展为导向。

古希腊人是自由的思考者和敏锐的观察者，没有意识形态的束缚和烦恼，没有权威强加的一切。这种心灵通过思考寻求答案，通过讨论做出决断。思考、讨论和决断是自由文化的本质特征。他们发展了高度发达的思维技巧，提出了极富天才的自然哲学理论，对近代世界产生了巨大的影响。

正是自由的精神和自由的生活方式，使古希腊涌现出了大批创造性人才。爱因斯坦说过：“自由行动和自我负责的教育，比起那种依赖训练、外界权威和追求名利的教育来，是多么的优越呀。真正的民主绝不是虚幻的空想。”“事实上，现代的教学方法还没有把神圣的求知欲完全扼杀掉，这差不多是一个奇迹。因为这株脆弱的幼苗，除了需要鼓励之外，首先需要自由——没有自由它将不可避免地会夭折。”

古希腊奇迹证明了：自由，是培育创造力的温床。

闲暇出创意

深圳一位老大爷曾问一位老师：“我的外孙女 4 岁，我女儿让她参加了许多培训班，让孩子学高尔夫、学画画，花 27000 块钱买了个钢琴，又要左脑右脑开发，学奥数，反正每个星期 7 天时间，6 天小孩都不能玩。我对她这样做有意见，还和她吵起来了。我女儿这样做到底对不对？”

其实，如今很多中国家长都会遇到这个问题。家长们为了让孩子不输在起跑线上，恨不得把孩子的每分每秒都填满，让孩子参加各种培训班，以为这样就能培养出优秀的孩子。

这是极大的误区。

古希腊人为什么那么有创造力？涌现出了那么多具有创造性的杰出人物？重要原因就在于：闲暇出创意。希腊奴隶制保证了贵族和自由民优裕的生活及充分的闲暇。奴隶从事农业和手工业，没有政治权利。大量的奴隶使自由民从体力劳动中解放出来，使他们有充分的闲暇从事哲学、科学、艺术的思考。

亚里士多德在《形而上学》第 1 卷中提出了希腊学术的两个重要特征：一个是出自“惊异”，纯粹为着“求知”；第二个是以“闲暇”为条件。

亚里士多德也明确指出，纯粹的求知活动，必须要等到社会出现闲暇阶层才有可能。亚里士多德指出：“只有在全部生活必需都已具备的时候，在那些人们有了闲暇的地方,那些既不提供快乐、也不以满足必需为目的的科学才首先被发现。由此,在埃及地区,数学技术首先形成,在那里僧侣等级被允许有闲暇。”只有知识阶层不用为着生活而奔波劳碌,才有可能为求知而求知。因为,整天从事繁重体力劳动没有闲暇的人,是无法从事这种复杂的脑力劳动的。

可见,闲暇是从事复杂脑力劳动的前提,也是创造性人才产生的前提。爱因斯坦说过:“负担过重,必然导致肤浅。”孩子负担过重,没有充分自由的思考时间,必然导致肤浅,更难成为未来最需要的创造性人才。

数学家纳什,在美国一所大学里长期养病,校方也不要求他发表论文和上课,给他充分的闲暇。经过多年研究,纳什提出了著名的“纳什均衡理论”,并获得了诺贝尔经济学奖。英国数学家维尔斯在剑桥大学长期秘密研究费马大定理,校方也不干涉他。经过 7 年锲而不舍的艰苦努力,1993 年终于攻克了这个数学家们 300 多年都没解决的难题,轰动了全世界。各种传媒纷纷报道,并称之为“世纪性的成就”,科学家们把这个成果推选为 1993 年世界科技十大成就之一。

1893 年,日本著名思想家、“明治维新之父”福泽谕吉,在题为“人生的乐事”的演讲中,吐露了一个长久的梦想:希望有朝一日,能够设立一个研究所,挑选五至十名学者,让他们衣食无忧,能够终生在研究所里专心研究学问。他们想研究什么学问,则完全不干涉,任凭他们自己自由决定。他说到做到,后来他两次自己出钱,为日本著名的细菌学大师北里柴三郎建立研究所和医院,还怕北里柴三郎因杂务缠身无暇专心于研究,特地派了一名门生去负责医院的经营管理。北里柴三郎在这样自由、闲暇的环境里,研究出了多项成果。

古今中外无数事实证明了:宽容、自由、闲暇的环境和氛围,最能产生创意,最有利于涌现出创造性人才。因此,营造这样的环境,是中国的当务之急。

第三篇　创造的基础

培育创造力，学校教育是基础和关键。钱学森指出：必须按照科学技术发明创造的方法来办学。因此，学校传统的学习方法必须变革，即尽快把学习变为研究，用科学研究和技术发明的方法来带动知识学习，这已成为世界教育改革的大趋势。爱因斯坦等杰出人物的经历生动地证明了研究性学习能创造奇迹。创造力培育应当从娃娃抓起，从基础教育的变革开始。

怎样回答钱学森之问？

> 现在中国没有完全发展起来，一个重要原因是没有一所大学能够按照培养科学技术发明创造人才的模式去办学，没有自己独特的创新的东西，老是'冒'不出杰出人才。这是很大的问题。
>
> ——钱学森

钱学森之问

2005 年春节前，我国前总理温家宝在看望著名科学家钱学森时，钱老感慨地谈到："这么多年培养的学生，还没有哪一个的学术成就，能够跟民国时期培养的大师相比。"钱老又问到："为什么我们的学校总是培养不出杰出人才?"。此问让温家宝总理坐卧不安，各界有识之士随后发表了许多文章试图回答这个问题。

2005 年 7 月 29 日，钱学森进一步向温家宝总理进言："现在中国没有完全发展起来，一个重要原因是没有一所大学能够按照培养科学技术发明创造人才的模式去办学，没有自己独特的创新的东西，老是'冒'不出杰出人才。这是很大的问题。"

温家宝总理 2006 年就这个问题请教了国内最有名的 6 所大学校长和教育专家，他们的回答是：要培养杰出人才，关键是教师；要将基础教育和高等教育贯通起来；高校大改革大发展之后，应该是大提高；做大高等教育，还要做强高等教育。

以上回答有两条很值得注意：一是钱学森自己的回答：大学要按照培养科学技术发明创造人才的模式去办学；二是必须把基础教育和高等教育贯通起来。怎样贯通？关键就是用科学技术发明创造的方法来贯通，让孩子从小学到大学都沉浸在科学技术发明创造的氛围中，并系统地掌握科学技术发明创造的方法。

《科学学习法》一书的作者李清振先生指出：过去对于高科技，有一个认识的误区，认为那些能直接解决实际问题的高科技产品和设备才是高科技，没有认识到科学方法才是最高层次的高科技。高科技可以分为六个层次，第一个层次是高科技产品；第二个层次是生产高科技产品的成套设备；第三个层次是设计成套设备的工程师；第四个层次是设计成套设备所使用的科学原理；第五个层次是发现科学原理的科学家；第六个层次是科学家所运用的科学方法。

可见，掌握科学方法才是最根本最关键的。日本思想家、被誉为“明治维新之父”的福泽渝吉曾经指出：学习西方文明要先难后易，先学西方文明的精华，外在的东西便会不请自来。而科学方法，正是西方文明的精华，也是中国传统文化最缺乏的，更是中国近代落后的重要原因之一。

著名物理学家拉普拉斯认为：认识一位天才的研究方法，对于科学的进步并不比发现本身更少用处，科学研究的方法经常是极富兴趣的部分。只有大众普遍掌握了科学研究的方法，新的发现和发明才会不断涌现，整个民族才会有持续的创造力。

李约瑟之谜

著有《中国科学技术史》的英国科技史专家李约瑟曾问道：“为什么近代自然科学只能起源于西欧，而不是中国或其他文明？”这就是被学术界称作的“李约瑟之谜”。他提出了一个悖论：“为什么古代中国人发明了指南针、火药、造纸术和印刷术，工业革命却没有发端于中国？而哥伦布、麦哲伦正是依靠指南针发现了世界，欧洲列强用火药打开了中国的大门，用造纸术和印刷术传播了欧洲文明。”

为什么近代科学没有诞生在古代欧洲，也没有诞生在近代中国，却诞生在了近代欧洲？近代科学有哪些来源？阿拉伯、中国的实践经验与技术发明给欧洲科学提供了哪些养料？古希腊的思辨哲学传统与实践经验的交融怎样催生了近代科学？欧洲又是如何诞生了培根、笛卡儿、牛顿、爱因斯坦、波普尔等人的科学方法论？科学方法是怎样引发并加速了欧洲的科学革命？这些问题都是我国有识之士应当深入思考的。

中外许多学者都探讨过“李约瑟之谜”，提出了众多的原因，比如认为中国缺乏鼓励科学技术发明创造的制度（如专利保护制度）；中国传统文化过于偏重道德伦理和人文艺术，中国大众爱好琴棋书画和广场舞的人很多，青少年大多崇拜影星歌星等娱乐明星，崇拜科学家和痴迷科学技术发明创造的人很少，等等。其实更重要原因在于:大多数中国人没有掌握科学技术发明创造的方法,从小学到大学,中国的学校也不教或很少教这些方法,却将大量时间花在让学生做题和考试上。许多学生考试成绩很好,中国中学生屡获国际奥赛冠军,但他们并没有真正掌握科学发明创造的方法,因此奇缺创造力。

像中国这样的发展中国家,如何从培养知识型人才的教育模式向培养创造型、发明型人才的方向转型,是一个极为紧迫的重大问题。为何我国没有诺贝尔那样的发明家型企业家,为何没有企业家设立科学研究基金会与科学奖?为何我国的家庭很少有家庭实验室?为何我国大众中很少有终身痴迷科学发明创造的人?

重钱不重人、重物不重人是当前中国社会流行的风气,以人为本就是尊重人,特别是尊重具有创造力的人才。以人为本是指重视具有创造能力的人本身,而不只是看重人创造出的物质产品和财富,人是本、物是末,这样才能真正将科学技术发明创造人才放在首位。

当今中国的现状是,大多数人小富即安,不搞也不愿搞科学技术发明创造,致力于掌握科学发明创造方法的人已成少数,能研究出原创性科研成果的人更少。许多人关心的往往是创业问题而非科学研究和技术发明,崇拜歌星影星的人数远远超过崇拜科学家发明家的人数,浮躁之风吹遍社会……总之,世俗的、传统的、不打破常规的、浮躁的、崇尚时髦的思维是绝不可能造就出达·芬奇、牛顿、冯·卡门、诺贝尔、爱迪生、爱因斯坦、特斯拉这种具有持续创造力的人才的。

中西教育目标的不同

诺贝尔奖获得者杨振宁说过,“钱学森之问”是全中国十几亿人都要问的问题。在他看来,回答很简单:这需要一个过程。西方的科学发展到今天,有三四百年的传统,中国想要在三四十年里把三四百年的传统浓缩起来一下子做到,是不可能的事情。换句话说,并不是说中国的科学发展没有前途,而是说要有一段不短的时间,不能太着急。中国首先要从科学普及做起,营造浓郁的科普氛围,从小给孩子埋下科学的种子。

杨振宁曾回忆了自己在北平崇德中学(现在的北京三十一中)的经历。杨振宁说:“崇德中学有个非常小的图书馆,其实就是一间屋子,我时不时会到那个屋子里翻看,就翻到一本书。这本书是英国一个大物理学家金斯写的,叫做

《神秘的宇宙》。这本书描述的是20世纪前30年物理学界包括爱因斯坦的相对论等三大革命。我看了非常震撼和激动，当时就觉得，这是我一生努力的方向。”

杨振宁指出：“这个故事告诉我们，好的科普工作是有很大的社会作用的。”

有学者围绕钱学森之问，指出中西方教育目标的差异，是方向性的重大差异。浸润在儒释道文化氛围中的中国传统教育，强调道德伦理与人文知识，追求人际关系的和谐和有序，终极培养目标是儒雅君子。西方教育自古希腊开始便逐渐形成了形式逻辑加实验验证的科学研究传统，致力于追求真理与智慧，终极培养目标是思想家和科学家。德国杰出的哲学家、数学家莱布尼茨曾指出：“中国长于政治伦理道德，西方长于数学、自然科学。终极培养目标的不同将两种教育距离越拉越大，努力方向有根本性的不同。”

中国教育体制内部也存在诸多弊端。在教学、评估、管理与激励等方面，中国教育都存在问题。比如教育行政化、应试教育、学术腐败、论文抄袭等，已有数不清的批评性文章。然而，所有问题长期得不到解决，归根结底就在于教育哲学模糊，方向不明确，致使教育体制改革始终如“老牛爬坡”般艰难又缓慢，导致学校行政化趋势越来越严重，教师功利化趋势不断加剧。这样的学校和教师怎么可能培养出有创造力的杰出人才？

欧洲能从中世纪的千年落后背景下发生近代科技革命，为何近代落后的我国却不能急起直追，培养出具有自主创新能力的杰出人才，从而再度成为创造发明的强国呢？中国教育、科技、产业的发展，必须走出一条全面自主创新的道路，教育和产业的高效体制和管理模式的创新是一切创新之根本，学术道德的监督和知识产权保护制度的健全是极为重要的方面。

欧洲文艺复兴时期，布鲁诺、哥白尼等科学家为真理冒着生命危险不懈探索的精神是近代科学诞生的关键。科学没有顶峰，只有无穷尽地探索。古代和近代科学家，由于是对科学的爱好而不是为了追求利益或权位，因此具有为科学探索献身的精神。

当代科学研究已经成为一种职业，如俄国格里戈里·佩雷尔曼解决庞加莱猜想那样不求名、不求利的科学家已经非常罕见。近代科学的诞生与发展是大批科学家具有追求真理的信仰，才有哥白尼、伽利略、拉瓦锡等终生为科学献身，才有牛顿、卡文迪许、德布罗意、莱布尼茨等人终身不娶，或说只娶了科学。也才有名教授普朗克亲自去邀请专利局小职员爱因斯坦到柏林大学完成相对论研究，才有孟德尔牧师在修道院做豌豆杂交实验，才有达尔文与华莱士发表进化论的佳话，以及诺贝尔那样将自己的财富用来奖励对科学做出重大贡献的科学家，也有居里夫妇那样不求名誉与财富在实验室过俭朴生活的科学家，等等。

总之，有非功利的、追求真理的理想和信仰、有社会责任感、有探索精神并掌握了科学技术发明创造的方法才能成为具有创造力的人才，有了大批这样的人才，并且有良好的促进创造性人才成长的制度和社会环境，国家才可能成为创新型国家。

按照培养科学技术发明创造人才的模式去办一切教育，而且关键是培育学生掌握科学技术发明创造的方法，这就是钱学森自己对钱学森之问的最好回答。

学习方法大变革：把学习变为研究

数千年未有之大变局：把学习变为研究。

——刘　伟

有趣的历史课

我国一所中学的一位历史老师在课堂上这样上课：

在学习教材时，老师组织学生进行专题讨论，让学生扮演不同的角色，深入到历史中去研究。课堂上允许学生不经过老师批准随时发言，不管谁在讲话都可以有礼貌地打断并插话。

在上资产阶级革命这一课时，老师把学生分成几个部，有“美国部”“法国部”“英国部”“日本部”等。学生自愿选择，并在“部”里担任不同的角色。有担任“首相”的，有担任“内阁成员”的，有担任“议员”的，大家一起在课堂上讨论。

在讨论到“法国资产阶级革命”的专题时，“法国部”的学生就提出了一个新问题。法国大革命中雅各宾派把土地划成小块，通过分期付款的形式分给农民的做法过去一直被认为是进步的。可“法国部”的学生经过研究提出：站在发展的立场上，雅各宾派的这种做法即便是及时、充分地发动了群众，却在法国培植了分散的小农经济，不利于农业资本主义的发展。

“热月政变”在传统的历史教材中是被否定的，认为它迫害了雅各宾派，镇压了群众，是一种反动行径。但学生认为：“热月政变”对封建势力坚决不退让，因此，“热月政变”实际上是结束了雅各宾派专政并建立资本主义正常秩序的转折点。学生进一步总结说，资产阶级革命的根本任务是推翻封建制度，建立资本主义制度，这是评估资产阶级革命的主要标准。所以，过去往往把农民是否得到土地作为资产阶级革命是否彻底的尺度是不恰当的。学生还进一步对我国从1952年基本完成土改，到改革开放以来的土地政策进行了分析论证。由从过去的政治角度看历史，转到从生产力发展的角度看历史，看哪种力量促进了生产力的发展。

这种让学生自己从多种角度讨论、研究，自己得出创新结论的课堂，让人耳目一新，对培育学生的独立思考和创新精神极有好处。

重新认识“教育”“学习”

人们经常说到“教育”，但很少有人仔细分析过什么叫“教育”？其实教育这个词语，本身就是一个陷阱。教育意味着某个主体高高在上站在那里，把所谓的真理、思想和知识灌输给大家。这种教育其实是害人的。真正的教育，应该尊重受教育者，受教育者也是能动的主体，他们可以主动地自我成长。而我们所说的“教育”，就是把所谓光明的、先进的、正确的东西，灌输到空白的、愚昧的、无知的、麻木的头脑中，这就是大多数中国人认为的“教育”，这种教育无疑是糟糕的。

人们也经常说到“学习”，其实“学习”这个词语，更加糟糕，比教育还糟糕。为什么呢？学，本来就是效仿的意思，即有一种现成的结论、模式、榜样摆在面前，人们去照搬它、模仿它、运用它，这就是学习。习，只不过是练习，让你照搬和运用的时候，更为娴熟。中国两千多年来的传统文化，大多就是在这种学习的观念和行动中延续的。这种学习，造成了中国文明的稳定，也造成了中国文明的停滞不前，丧失了自身的活力和创造力。

许多中国人几乎只知道学习，从幼儿园就开始学习，一直学到中学、大学，学到博士，还要学到老。我们却没有想到，这种学习，是有问题的，它的后面蕴藏着巨大的陷阱，我们完全成了所谓真理、结论、模式、教科书、考试的奴隶，我们成为了被动的客体。一百多年来，这种模式没有得到根本性的改变，只不过，我们由学习老祖宗转向学习西方人，我们以跟国际接轨为目标，说到底，别人怎么做，我们就怎么做。这种思维模式，把我们与生俱来的生命冲动、自主性、想象力、创造力都抹杀了。

西方人就不学习了吗？他们也学习。但是，他们既在“Learn”，又在“Study”。“Study”不等于我们概念中的学习，它指的是，在没有现成的结论、原理和答案的前提下，去寻找规则、公式、规律等，它更多的是一种探索、研究和发现。

爱因斯坦曾经说过：“我们都以为知识是最重要的，其实还有比知识和结论更重要的东西，那就是人的想象。”推而广之，这种想象，包含着人的想象力、创造力、激情、生命冲动、革命精神、主观能动性和永无止境的好奇心，这些恰恰是人之为人最重要的东西。而今天大部分的中国人，忘记了的正是这些，我们的教育，停留在学习知识的阶段上，把人与生俱来的可贵东西给抛弃了，而被动接受古代和外国人既定下来的文明。

西方人把中国的四大发明拿过去，运用自己的科学方法，做了一番彻底的改造，使得它们不再是原来的模样。对于这一点，鲁迅说得更明白：蔡伦发明了造纸术，中国人用它来做冥币，西方人却用来搞宗教改革。中国的东西，一到西方，就被西方人用创造力变成了另有意义的东西。

无数事实说明，学习西方的关键在于学习西方人的研究、探索、发现的精神和方法，保持人的永无止境的好奇心、想象力、创造力。近代以来，世界上几乎所有重大的发明和创造，比如电脑、互联网、电视、手机、汽车、飞机、电灯、空调、冰箱、火车、原子弹、卫星、火箭、导弹，等等，没有一样是中国人发明的，可见当时中国人的自主创新能力已经衰落到了一定程度！

归根结底，是中国传统的教育和学习方式有问题，必须打破对教育和学习的“迷信”，来个战略上的思想大解放、学习方法的大变革。

哥白尼革命

1543年在世界科学史上是意义非凡的一年，波兰天文学家哥白尼的《天体运行论》在这一年出版，近代科学的诞生，就是以这件事为标志。

在哥白尼描绘的宇宙图景中，地球不再是宇宙静止不动的中心，而太阳才是宇宙的中心，地球围绕着太阳旋转，地球不再是宇宙的主宰。当时这一惊世骇俗的观点使基督教神学赋予地球的特殊身份完全丧失了——宇宙独立于地球而存在，地球也不是宇宙的中心，也就不再有什么天堂与地狱之分。基督教神学宣扬的传统观念从此破产，欧洲大众的思想从基督教神学的束缚中获得大解放，引发了后来一系列的大变革，比如近代科学诞生与快速发展、宗教改革、启蒙运动、工业革命等，使欧洲文明一跃成为领先全球的文明。“日心说”这一重大的宇宙观的变革，被科学史专家称为“哥白尼革命”。

哥白尼革命标志着自然科学开始从基督教神学中解放出来，宣告了自然科学的独立，这一革命对欧洲人思想观念的冲击是极其强烈的。

著名科学史专家托马斯·库恩指出，作为一场思想革命、一场人类宇宙观及人类自身与宇宙关系的观念转变，哥白尼革命并不是一个单一的事件，而是西方思想发展史上划时代的转折点。这是因为，首先，它是一次天文学基本概念的革新;其次,它是人类对大自然理解的一次根本性的转变;再次,它是西方人价值观转变的核心部分。所以,哥白尼革命并非仅仅是科学史上的一场革命,它更是人类思想发展和价值体系的一场革命,也就是说,是一次思想观念的大革命。

德国诗人、文学家歌德曾经这样评价哥白尼革命:“哥白尼学说撼动人类意识之深,自古以来无一种创见、无一种发明可与伦比。当大地是球形被哥伦布证实以后不久,地球为宇宙主宰的尊号也被剥夺了。自古以来没有这样天翻地覆的把人类意识倒转过来的。如果地球不是宇宙的中心,无数古人相信的事物将成为一场空了。谁还相信伊甸的乐园、赞美诗的歌颂、宗教的故事呢?”

原中国科普研究所所长袁正光教授指出:哥白尼颠覆“地心说”,提出了“日心说”,其中最重大的意义是:他把人类的目光从“神本位”,引向了“人本位”,人的认识使基督教神学宣扬的观念破产了,人不再迷信神,更相信自己的认识能力了。而英国思想家约翰·洛克把这种新的科学世界观用来研究人类社会,提出了颠覆“君本位”,建立“人本位”的新观念,人民大众比君王更重要,不再一味听命于君王,这是思想启蒙的先声。欧洲后来的宗教改革、科学革命、启蒙运动、工业革命都受到“人本位”观念的影响,可以说,欧洲文明的飞速进步,正是哥白尼奠定了根本性的思想基础,引起了一系列的文明进步。

毫不夸张地说,哥白尼革命对欧洲人思想的震撼是意义极为深远、怎样估计都不过分的。这次思想观念的革命,超过了过去一切科技发明。

学习方法的哥白尼革命

与哥白尼革命类似,1989 年,是人类学习方法史上意义非凡的一年,学习方法的哥白尼革命,在这一年发生。

1985 年,享有盛名的美国民间科学团体——美国促进科学协会,在全国科学技术委员会等机构的资助下,聘请了 400 多位国内外著名的科学家、教授、教师以及科学、教育机构的负责人,用了近四年的时间精心研究和探讨,于 1989 年完成并公布了一份文件,题为《2061 计划:为了全体美国人的科学》(2061 年是哈雷彗星离地球最近的年份)。这份长达 200 页的总体报告和其他 5 份专题报告,详细地论述了全面改革美国基础教育体系的设想、步骤、目标和科学依据。

《2061 计划》将每个学生从幼儿园到高中毕业的 13 年教育中应该获得的基

本科学知识浓缩为12大类课题:科学、数学、技术的本质、自然界的构成、生态环境、人体机能、人类社会、技术世界、数学世界、科学史观、共同主题、思维习惯。计划中提出的教学方法一改传统的按照不同科目分科教学的做法,而是要求师生围绕不同的课题展开广泛而深入的研究,也就是说,把学习变成了研究。

这个计划要求:改革的重点不是放在天才学生或哪门特定的科目上,而是为使所有青少年儿童都得到基本的科学(包括自然科学和社会科学)、数学和技术教育,使他们生活得多姿多彩并富有成果,这种教育应该适应科学知识和技术力量的急剧增长。

这是人类历史上第一次制度化地、系统而理性地提出把学习变为研究,而且从幼儿园就开始研究,古老的学习观念从此发生根本性的巨变。

《2061计划》堪称学习领域的《天体运行论》。这个计划提出用围绕课题师生共同研究的方式代替传统的分科教学,这是对以工业文明为基础的教育模式的根本性变革,顺应了信息文明的要求。从此开始,传统的老师主导的"教",让位于师生共同探讨的"研究性地学",学校不再像工厂那样批量式地生产相同模式的学生,教育内容不再以"教科书"为中心,而是以各种各样的"课题"为中心,分科的学习,变为师生围绕课题的综合性研究。老师上课也无法满堂灌了,因为"课"已经没法"讲"了,教室变成了师生围绕课题讨论的研究室。相应地,评价体系也必须发生根本性的变化,你对"研究"的过程怎样进行考试?又怎样打分?可以说,这从根本上推动了评价方法的改革。

这个根本性的变革,也是意义极为重大、怎么估计都不过分的,它超越了历史上所有的教育改革。

以研究为中心

就像地球不再是宇宙的中心,而是太阳变成了宇宙中心一样,学习不再是中心,研究变成了中心。

就像太阳不再围绕地球旋转,而是地球围绕太阳旋转一样,从此研究不再围绕学习旋转,而是学习围绕研究旋转,按研究的程序和方法来学习,以研究课题来引导和带动学习。

就像"君本位"变成了"人本位"一样,从此"学习本位"变成了"研究本位"。

从前的人们总是要分科学习了许多年之后,直到研究生阶段才开始研究,而《2061计划》的制定者要求人们从幼儿园就开始研究,并且要终生研究。

从前人们总是分科学习一本一本的教科书，而现在是研究一个一个综合性的课题，课题是主角，教科书成为参考材料之一，成为配角。

从前是老师教，学生被动地学，现在是学生主动地提出问题进行研究和探索，老师给予指导和协助，学生真正成了研究的主体，老师成了组织者和协助者。

从前的学习学生接受多于思考、继承多于创新，学习过程缺少乐趣，非常容易厌学。现在学生越研究越能感受到研究和思考的乐趣，并实际地受到科学精神的熏陶和科学方法的训练，更容易激发潜能和创新精神，不容易厌学。

从前的学习主要是个体行为，现在是分成小组集体研究，学生在这个过程中学会了合作和交往，增强了情商。

从前的学习，容易被各种信息淹没，而课题引导下的研究性学习，使人获取信息有明确的目的，使人主动自觉地驾驭信息，分类整理信息、分析比较信息、综合应用信息、组合创新信息、发布研究成果，而不是被信息海啸所吞噬，能使研究者的信息素养不断提高。

从前的学习，主要靠书面考试来检验学习效果，而现在要靠研究过程和解决问题的成果来证明实际能力。

从前的学习，只需要能理解课堂上老师的讲授，多做练习，考个好成绩就算“好学生”。这种学习方式，在人的 9 种智能中，只有语言文字和逻辑推理两种智能得到充分发展，而其他 7 种智能很少得到运用和开发。而研究性学习，必须具备强烈的好奇心和想象力，在研究过程中还要充分调动学生的多种智能，问题意识、怀疑精神、批判精神、思维能力、创造能力、表达能力、写作能力、动手能力、合作能力、社交能力、实践能力都能得到全面综合的锻炼，更有利于成为和谐发展的人。

从前的学习，主要是在教室里上课，学生可以“两耳不闻窗外事，一心只读考试书”。而研究性学习经常要走出教室、走出学校，到大自然和社会中去实践、调查、体验、思考、应用，使知识和体验、学习与实践不再脱节，知识也得到了实际应用，人的能力得到全面提升，也更加了解社会，将来更适应瞬息万变的信息社会。

从前的学习是分科的，各门知识彼此隔绝，无法综合起来灵活地运用。而研究性学习必须把各门知识综合起来运用到解决问题中去，学生运用各门知识来解决问题的实际创造力会不断提高。

总之，研究性学习是一种能获得实际创造力的综合性学习，而不是面向考试的畸形学习，研究过程本身，就是创造力形成的过程。

…………

学习一变成研究，有关学习的一切方面都变了！

从此，学校、教师、教材、教室、管理方法、评价方法、上课方法、自学方法、培训方法都会发生根本性的变化，整个教育系统将发生全面的改变。由于学习方式直接影响到创造力的获得，所以，学习战略的哥白尼革命必将从根本上影响到知识经济社会的一切方面……

毛泽东曾多次谈到中国的教育弊端："不要把分数看重了，要把精力集中在培养分析问题和解决问题的能力上，不要只是跟在教员的后面跑，自己没有主动性。要反对注入式教学法，连资产阶级教育家在"五四"时期就早已提出来了，我们为什么不反？只要不把学生当成打击对象就好了，你们的教学就是灌！我过去在抗大讲课就是把讲稿发给学员，我只讲30分钟，让学生自己去研究，然后提出问题，教员再答疑。高年级学生提出的问题，教员能答50%，其他的说不知道，和学生一起商量，这就不错了。不要装着样子去吓唬人。"毛泽东的上课方法，就是典型的研究性学习。

研究：现代工作方式

被誉为"日本战略之父"的大前研一原本是工程师，他曾经进入世界著名的管理咨询公司麦肯锡工作，在他写的《思考的技术》一书中他有这样的感受："虽然我是以新手和外行的身份进入麦肯锡，做起事来却充满了自信，因为我发现做经营分析其实和进行科学研究没什么两样。"他发现在麦肯锡工作的程序是："先分析客户提供的数据、业界的数据，再做成图表，提出假设，然后再搜集并分析可以让自己的假设成立的证据，等等。"

当时大前研一年纪不到30，却要去给60多岁的企业领导人提建议，但他却充满了自信，因为"我所提的建议，都是经过无数的假设、验证、实验，才得到'绝对不会错'的结论，所以即使面对年龄如父辈的经营者，我也毫不畏惧。尤其是通过实地访谈所积累的事实，更是具有举足轻重的分量。以大量的资料及积累的事实为根基，导出敏锐的结论之后，我才会向客户提出建议。因为不管怎么样，我都比企业的经营领导层更了解最近的现场实际情况，所以我根据足以印证事实的资料所做的提案，绝对让客户信服。"

大前研一写道："在麦肯锡的两年中，我不知不觉就分析了将近两千件案子。刚开始的时候都是我自己进行分析，后来发现凭我一人之力实在不堪重负时，才开始请客户从自己公司里调派约 30 名人员，和我共同组成一个团队，开展相关的业务。首先由我提出假设，再请这些人员搜集可以印证假设的资料，然后再按我的指示进行分析。也就是说，我以团队总指挥的身份，为他们安排求证的程序。例如：'这个做完之后，再做那个。''如果分析的结果是这样，就进入 A 阶段，如果不是这样，就进入 B 阶段。'我就像一台空白图表的制造机，提出假设之后，就开始印制空白图表，然后指示团队中的其他人把图表上所有空白处填满。从'纵轴是这样，横轴是那样'到'请这样导出结论'的过程中，所有数据的选取、图表的做法、分析法等等，我都一一下达指示"。

大前研一生动地说明了管理信息咨询公司的工作过程实际上就是一个研究过程，并且向团队集体研究的方向发展。在当今的信息时代，越来越多的工作是在处理信息，研究已经不是学院或研究所里的专门工作，日益成为一种现代工作方式。

现在许多高新科技企业都采取项目小组的方法来工作，大致工作过程是这样的：在市场中遇到待解决的问题，围绕这个问题，企业会组成项目小组，小组成员可能来自各个部门，有不同的专业背景，他们针对问题搜集事实和相关资料，提出假设，围绕假设搜集数据，借助电脑进行分析，根据分析结果验证假设，如果无法验证便修改假设再重复前面过程，直到问题得到解决。这个过程是典型的研究过程。如今研究的工作方式已经迅速扩展到各个行业，所以，尽快把学习变为研究，也是当今和未来社会的迫切需要。为什么我国目前有那么多大学生找不到工作，不具备研究能力是重要原因之一。

人格再造

把学习变为研究，更重大的意义在于人的国民性的根本改造和文化传统的创造性更新。

中国人传统的主流学习方式是继承性的，强调家学渊源，述而不作，代圣人立言，很少有自己独立的创新主张，更缺少主动的探索精神，不敢为天下先，不敢越雷池一步。再加上封建统治者发明的高超精神统治术——科举制度，把天下读书人的思想统一到科举框定的范围内，再用高官厚禄把学习引向功利方向，使读书人首先成了知识、精神的奴隶，最后再成为权力和财富的奴仆。

把学习变为研究本质上是要把"考"的文化，变成"研究"的文化。中国有一千多年“考”的历史。封建科举制度,使“考”的文化深入中国人的骨髓,形成许多人为“考”而学的考试人格。

考试是检验已有知识掌握情况的手段,中国的考试凡考几乎都有标准答案,都有现成的“套子”让你钻,使人的思维“入套”、僵化,不需要面向未知的发散性的探索精神和能力。而研究是在没有答案的前提下探索,促使人的思维发散、创新、活化。标准化的考试不需要追问知识的来源和知识形成的过程,更不许怀疑知识的准确性。这种考试严重束缚人的想象力、好奇心、创造性,这与科学精神必需的好奇、想象、批判、质疑、问题意识、宽容、思维发散、创新等要求完全背道而驰。

哲学家黎鸣曾经指出:中国传统文人有两大毛病,一是思维与实践完全断裂,脑和手完全分离 ,不重视实践和动手能力;二是只有记问之学,而没有逻辑推理的理论之学。只有粗浅的“术”,而没有逻辑体系严密的“学”,即学与术之间完全分离。

学习变为研究,将从根本上把考的文化转变为研究的文化,把中国传统文人的两大毛病改掉,奠定人格独立和文化创新的基础,使人成为有自主创新精神的现代公民。这是一场人格再造、文化创新的庞大系统工程,而把学习变为研究,是这个系统工程的第一项基础工程。

梁启超曾经呼吁“新民”,鲁迅曾经倡导“改造国民性”,可是都没有找准切入点和下手处。当年梁启超和鲁迅都试图用新文学改变中国人的精神面貌和奴性人格,梁启超倡导新小说,鲁迅毅然弃医学文,投身文学创作,但近百年下来,并不那么成功。而学习变为研究,可以改变学习方式上的“奴性”,让我们看到了培育人的自主创新能力进而改变人格的曙光。这是中国数千年未有之大变局,虽然可能在实际操作中会遇到传统学习观念和考试制度的重重阻碍,但这个大趋势是无法抗拒的,因为这是信息文明的迫切要求。谁最早最快地实现了学习向研究的转变,就将在信息社会中处于主动和优势的地位,并成为有持续创造力的“新民”。

爱因斯坦：研究性学习的奇迹

站到巨人肩上的方法是：借鉴他们的学习方法。

——刘　伟

在家里自学

爱因斯坦是世界公认的科学巨人，在科学史上，他提出了著名的相对论，使他不但是能与牛顿媲美的伟大物理学家，还被誉为近代三大思想家之一（另两位是马克思、弗洛伊德）。那么他为什么这么有创造力呢？

爱因斯坦逝世前一个月，正值母校瑞士苏黎世工业大学成立一百周年，爱因斯坦应约为母校写纪念文章。在文章中，他没有为母校捧场，反而是以亲身经历批评了学校教育体制的不合理。

爱因斯坦在文章中回忆说，入学以后，他很快发现自己不具备做一个"好学生"所需要的一切特性。诸如专心于功课、遵守课堂纪律、认真记笔记和做作业，等等。他非常讨厌考试，骂考试是"杀人的刀"，是"套在学生身上的绞索"。他平时经常逃课，躲在家里或宿舍里"走自己的路"，自己自学。他始终满足于做一个有中等成绩的学生，而把主要精力放在学习自己真正感兴趣的东西上，"以极大的热忱在家里向理论物理学的大师们学习"。

爱因斯坦在班上结交了一位好友格罗斯曼，他们两人都有远大的抱负，都喜欢追求科学真理。爱因斯坦总喜欢把自己的一些胡思乱想讲给格罗斯曼听。他俩常去小咖啡馆聊天，一杯咖啡助兴，可以从天文到地理、从科学到哲学，彻夜畅谈，兴趣盎然。格罗斯曼也非常佩服爱因斯坦的创造性才智。

爱因斯坦很早就开始了自学，并且起点很高，直接向理论物理学的大师们学习，而对在学校的考试成绩并不看重。其实爱因斯坦早在中学阶段就开始了对相对论的思考，可以说，他很早就自觉地把学习变成自主研究了，正是这种做法使他大大超越在一般人之上。

不朽的奥林匹亚科学院

爱因斯坦大学毕业后，没有找到工作，只好当家教。后来好不容易在瑞士伯尔尼专利局找到了一个职员的工作。一个小职员，当然没有机会与当时的著名科学家来往，而且也没有从事科学研究的条件。爱因斯坦在伯尔尼结识了几个青年朋友，其中交往最密切的是哈比希特、索洛文，还有哈比希特的一个弟弟。这几位年轻人，有的在上大学，有的有工作，但他们有共同的兴趣爱好，经常在工作之余和课后聚会，一起散步、聊天、游玩，更多的时间是在一起阅读、讨论，很像一个自发的研究性学习小组。

他们常去爬山、郊游或去咖啡馆小坐。因为囊中羞涩，午餐通常是最简单的干酪和加蜂蜜的茶。他们的物质生活是贫困的，但精神世界却无比丰富。他们把自己的研究性学习小组命名为“不朽的奥林匹亚科学院”。当时他们虽然都是名不见经传的小人物，但在奥林匹亚科学院里探讨的都是人类社会、大自然、宇宙的大问题。

他们认为一起阅读讨论的乐趣在于思想的交流。他们被这种乐趣迷住了，虽然清贫，但是他们充实而幸福。正是这些看似漫无边际的讨论聊天，启发了爱因斯坦的相对论思想，更使爱因斯坦深深体会到古希腊哲学家伊壁鸠鲁的著名观点——“欢乐的贫困是最美好的事”。

半个世纪后的1953年春天，哈比希特和索洛文在巴黎相聚，两人感慨万千，他们召开了最后一次“奥林匹亚科学院院士通讯会议”。远在美国74岁高龄的爱因斯坦在给他们的信中深情地写了一篇《奥林匹亚科学院颂辞》：“在你(奥林匹亚科学院)生气勃勃的短暂生涯里，你曾以孩子般的喜悦，在一切明朗而有理性的东西中寻找乐趣……我们三个成员至少都表现得坚忍不拔，你们思想的明亮耀眼的光辉依旧照耀着我孤寂的人生道路……我永远忠诚于你，热爱你，直到学术生命的最后一刻。”

爱因斯坦认为：“那是我一生最美好的时光”。

我们在看到爱因斯坦取得伟大成就的同时，更重要的是要思考爱因斯坦为什么能取得这些成就？他为什么这么有创造力？人们可能会分析出许多原因，但其中最关键的是要研究爱因斯坦采用了什么样的学习方法？

生活在需要终身学习的知识经济时代，我们尤其要研究杰出人物的学习方法。牛顿曾说他取得巨大成就的原因，就在于他站在了巨人肩上。如果我们能借鉴杰出人物的学习方法,我们也可能站在巨人肩上。

仔细分析一下,便会发现,爱因斯坦采用的学习方法,就是尽早把学习变为自主研究。

兴趣导向的自主研究

首先,爱因斯坦是按照自己的兴趣来进行研究性学习的。他自己选择研究课题,然后和兴趣相近的朋友组成研究小组,根据研究课题广泛阅读并和朋友进行充分的思想交流。他们既无追求金钱和权力的功利心,也无考试压迫,虽然生活清贫,但心态轻松悠闲愉快充实,真是最理想的自主研究性学习状态!

兴趣是最好的老师。孔子早就说过:知之者不如好之者,好之者不如乐之者。“乐之”就是兴趣强烈的非功利状态。有了强烈的兴趣,研究起来才能做到自动、自发、自律,不需要外加的考试检测和老师的督促,不计较功利得失,研究过程才能充满自由、自主、轻松、闲暇、平等、交流、友谊的气氛。他们是把兴趣、爱好、研究、阅读、学习、思考、讨论、生活、友谊融为了一体,学习是在自己感兴趣的、自己主动选择的研究课题引导下的学习,研究过程始终引导着学习过程。

正是这样自主又充满乐趣的研究生活才最有可能产生伟大的科学奇迹。他们几位朋友之间构成了一个互相促进、互相启发、互相补充、合作研究的“场”。他们阅读和研究的内容,都是当时第一流哲学家、科学家、文学家的经典著作和论文,思考的都是一些重大的、根本性的问题。长期浸润在这个“场”中,效果当然大大超过学校的学习,创造力也会被充分激发出来。

量子化渗透式熏陶

诺贝尔奖获得者杨振宁教授曾说过,学习有两种模式,一种是分科的、按部就班地、按学科知识的内在逻辑循序渐进地学习,并用考试定时检测学习效果,学校的学习基本是这种模式。另一种是渗透式熏陶,即长期沉浸在某些知识和思想交流的“场”中,不知不觉就学到了许多东西,思维水平也大大提高了。杨振宁教授主张对不懂的东西,要经常去接触,比如听讲座、讨论、聊天、读书,等等,经过一段时间看似杂乱无系统的熏陶,某一天你突然就懂了,就融会贯通了。这种润物细无声式的渗透式熏陶是效率和水平都更高的学习,学到的东西能渗入到人的潜意识里去,对人的一生影响更为深远。

世界上的一些音乐神童，如莫扎特、肖邦等，就是因为他们出身于音乐世家，长期受到音乐的熏陶，并没有经过音乐学院循序渐进的系统学习，就成为了超越在一般音乐家之上的大师。我国传统的书院教育，也特别重视环境对学生的熏陶作用。书院一般都建在远离尘世山清水秀的地方，内部挂满了楹联辞赋、名言警句，充满了文化学术气氛，师长与学生同吃同住，讲学也采用讨论启发式，并常常请别的学派大师来辩论。

这种渗透式的熏陶，在当今信息社会中越来越重要，甚至有取得主导地位的趋势。有学者称这种学习是“量子化学习”，这是借用了物理学中量子理论的观点。量子理论认为：事物的变化很多时候不是连续的，而是跳跃的、发散的，比如信息就有这种特点。一个信息场中的信息就有跳跃、不连续的量子化特征，所以人们接收信息就要采用渗透式的量子化方法。爱因斯坦和朋友们组织的“奥林匹亚科学院”正是自觉地采用了这种量子化的渗透式学习法，最终形成了卓越的思维能力和丰富的精神世界。

经常思考根本性的重大问题

爱因斯坦之所以能取得震动世界的科研奇迹，另一个重要原因，就在于他经常思考根本性的重大问题。

爱因斯坦四岁时第一次看到指南针，他对指南针能始终指向南方非常惊奇，他总想弄清这背后是一股什么样的神秘力量在起作用。早在中学阶段，爱因斯坦就思考过：人如果以光速运动，会看到什么现象？这是相对论思想的最初萌芽。后来他长期思考和研究相对论问题。在“奥林匹亚科学院”期间，爱因斯坦和朋友们读了许多著名哲学家的著作，而哲学就是从整体和根本的角度来观察和思考大自然和人类社会，主要探讨一些大的和根本性的问题，如宇宙本质、人生的意义、文化的发展、科学的基础和未来等等。

爱因斯坦经常沉浸在第一流大师的思想中，又像大师那样关注和思考根本性的问题，自然会有非同一般的眼界。

我们每个人也应当经常思考学习上的根本性的重大问题。传统的学习和研究是截然分开的，传统的学习观念认为人只有经过按部就班、循序渐进的分科学习，并到一定程度后(比如大学毕业后)，才能进入研究状态。在这个传统观念支配下，学习和研究被人为截断了，前十多年单纯地分科学习，到研究生阶段才开始研究。而最新的学习观念认为：人天生就有研究能力，按研究的程序和方法来学习是最有效的学习。在当今信息社会,用自主研究的方法来驾驭信息显得更加迫切,否则很容易被信息大潮淹没。所以,应当把“终身学习”的提法,改为“兴趣引导下的终生自主研究”才更恰当。

可能我们不如爱因斯坦那样聪明,但我们完全可以借鉴他的学习战略,那就是——兴趣引导下的终生自主研究。谁越早这样做了,谁就可能最快地获得信息时代最需要的创造性本领。

创造力培育：从娃娃抓起

> 邓小平曾说过“计算机要从娃娃抓起”，而我认为“创造力培育更要从娃娃抓起”。
>
> ——刘　伟

有趣的实验

印度新德里的物理学家苏加托·密特拉曾经做了这样一个实验：他将一台个人电脑和快速互联网线安装在一个贫民窟的石头墙上，没有指示说明，也没有人指导使用方法，然后他在对面的办公室里支起一架摄像机，这样就可以隐蔽地观察那里发生的事情。

不久，贫民窟的孩子们发现了它，这群6～12岁不等的孩子们不但没有把这台电脑抢走，反而开始玩起来。一两天之后，他们就自己学会了如何拖拉工具栏、创建文档、进行其他操作和浏览互联网。

他们不需要教室、不需要考试、不需要老师，完全靠动手操作和相互交流。3个月之后，他们创建了一千多个文档、访问了迪斯尼卡通节目、玩了网上游戏、画了数字图画，并且观看了板球比赛。最初他们是单个学习，后来共同分享他们所学到的东西，再后来他们还开办了“基础电脑扫盲班”，指导别的孩子甚至大人学习操作电脑，俨然成了电脑小专家。

从这个有趣的例子可以看出：孩子们的好奇心、天生的操作和交流能力可以轻松跨越数字鸿沟，迅速成为电脑小专家。

当今无数的电脑使用者、网页设计员、程序员、电脑游戏开发者都是首先自己掌握了这些技能然后将其运用到工作中的，他们掌握的这些技能都是处于新技术的前沿，而且赶在正式的有偿授课大规模铺开之前就掌握了。

个人电脑使用者如果等着学校去买电脑、开发课程、制定课程表、培训教师并为这一切筹措资金，那么，电脑应用到各个行业的速度就会大大地延缓，竞争激烈的世界不会这样等着每一个人掌握电脑技能。各行各业信息化的飞速发展已经逼着每一个人快速学会电脑应用技能。现在中国上网人数已经达几亿，再多的电脑培训机构也无法满足几亿人的培训需求，也找不到那么多老师来教。现在全世界使用电脑的人有几十亿，他们大多是自己边使用边自学，很少人经过正式的培训，特别是孩子们，似乎玩玩闹闹就轻易学会了电脑应用。

这是一个无人注意但却应当深思的现象——如此大规模的、主动的、边干边自学的浪潮，在人类历史上从来没有发生过，而且自学的是复杂的电脑应用技能。

这个大规模的边干边自学的浪潮给人许多启发。

当电脑快速在各行各业普及时，人们强烈感到需要掌握电脑应用技能，否则将面临被淘汰的危险。马克思说过："社会需要比十所大学更能推动科学的进步。"电脑应用技能这个社会需要，同样推动了学习方式的进步——实际需求引导着自学，边用边自学。培养学生主动的自学能力，曾经是学校最伤脑筋的事情，"教是为了不教"是教学的金科玉律，无数教学研究文章都探讨过这个问题，但电脑技能的学习却轻易地解决了这个问题，电脑应用的社会需要比1000所大学所起的作用还大。

一位叫何军的小区保安是这样自学的：二十多年前，当何军在工作中第一次需要使用电脑时，他也一头雾水，对电脑一窍不通，但他对电脑充满了好奇和兴趣。他经常到卖电脑元件的商店转悠，店员告诉他怎样用软盘和硬盘分别启动电脑(当时电脑还是用DOS操作系统)，他对照电脑说明书，边摸索边使用，但还是碰到了许多问题。他又去电脑商店，向店员请教，但有些问题店员也解决不了。何军发现，他需要一位电脑权威的帮助，但哪里去找这样的电脑权威呢？在无奈之下，他到处找人帮忙，先后找过邻居、同事、朋友、或者在踢球时认识的人，只要比他懂得多一点的人他都去请教。后来他发现，那些"电脑权威"其实就是比他早一个星期使用电脑的人，大家都半斤八两，对电脑知识和技能都只能算一知半解，只是比他稍稍提前使用了电脑而已。

后来经过一段时期的电脑信息交流活动，何军渐渐有了一个比较固定的圈子，圈中人都对电脑有浓厚的兴趣，而且地位平等，谁也不认为别人或自己是电脑权威，只不过有些人在这方面懂得多些，有些人在那方面懂得多些，有些人先使用了某种软件或硬件。今天你是老师，明天可能就成了学生。更有趣的是，越是年轻和后来加入的人懂得越多，原来的"专家"则成了学生，小的教老的，成了常态。

上网以后，何军认识了更多的电脑高手，他自己也渐渐成了"电脑专家"，能够解决许多电脑问题了，还经常在网上发布自己使用电脑的经验、介绍各种新的软硬件、讨论各种电脑热点问题，他还和朋友办起了网站，交流面不断扩大，甚至有外国网友参与交流。

何军参与的这个学习共同体没有什么人来控制，没有人来领导，没有人来组织，也没有人像教师一样得到报酬，完全是自发的民间“非政府组织”。而且这一学习组织还在加速发展，不断被赶超，不断扩散到世界各地。

从孩子与何军学电脑技能的过程中，我们发现，经过了这样一个自学程序：

电脑迅速普及到各行各业→社会各领域产生了对电脑应用技能的强烈需求→因为工作需要或兴趣，个人产生了浓厚的自学电脑技能的愿望→在使用电脑时遇到自己解决不了的问题→自己看说明书和电脑书籍→求助于各种有技能优势的人，进行平等交流，互为师生→借助互联网扩大交流范围，共享知识和经验→在不断解决问题的过程中逐渐成为电脑专家。

这种大规模的、几乎影响到男女老幼每一个人的、遍布全世界的、渐进的、主动的、边干边自学的、平等交流的、充分利用网络的学习过程，还没有受到教育家的注意，但这种学习共同体和新的学习方法，全面地反映了信息社会最需要的学习方法，应当引起教育家和每个人的高度重视。

这是一场学习方式的重大战略转变！

尽早开始研究

传统的学习方式，是人们先在学校里学习十多年各种分科的知识和技能，毕业后在工作岗位上遇到实际问题时，再设法应用这些过去学到的知识和技能来解决问题。这是学习在前，遇到实际问题在后，必须先去学校分级分科按不同学科上课，主要靠老师传授过去积淀下来的知识和技能，学习内容难以迅速更新。一般用书面考试来检验学习效果的做法，会导致毕业后许多知识和技能已经被淘汰。

这是一种被动的、面向过去的、脱离实践的、没有实际问题导向的、分科的、缺乏同伴合作的学习，学生普遍缺乏兴趣和解决实际问题的综合能力，更缺乏自主创新能力。实际上培养的是工业社会需要的流水线上的齿轮和螺丝钉，把人培养成工业社会需要的工具，使人单一和被动，成了机器的一部分，容易产生马克思所说的“人的异化”。

人们学习电脑应用技能的过程却和工业社会的学习方式完全不同，具有如下特征：

遇到实际问题和发生兴趣在前，学习在后，是问题和个人兴趣导向的综合性学习，是需求和问题导向的做中学、行中知。

不需专门去学校分级分科学习，没有统一的标准化教材，教材根据解决问题的需要自找、自选，甚至根本不需要教材。

没有专门的老师传授但有大量的同伴合作交流讨论，平等互助，互为师生，共同提高，并且充分利用网络来交流。

遇到问题主动自学，学了就用，用中再学，活学活用，急用先学，立竿见影，马上见效，容易产生进一步的兴趣和成就感。

不需要考试，而靠能否解决实际问题来检验学习效果，能培养出综合运用知识来解决问题的能力。

学到的知识和技能是崭新的，不断快速升级，能培养出终生学习的习惯和能力。

总之，这样能获得终身受用的自学本领、集体研究本领、解决实际问题的本领、创造能力。

知识形成不了实际能力和创造力，曾经是我国教育的重大弊端，而上述学习方式却能较好地解决这个老大难问题！

电脑是推动信息社会发展的核心工具，学习电脑的方式，正是信息社会最需要的学习方式，这种学习方式几乎适用于信息社会的一切领域和一切人。

我们已经强烈感到，在信息社会，急需把学习变为自主研究，这样才能获得创造力。可是许多人总觉得研究是很难的事，需要高深的知识、聪明的头脑、专门的实验设备、高明的导师。其实，研究并不像人们想象的那么难，每个人天生都有研究的兴趣和能力，只不过传统的学习方式压抑了研究兴趣和能力的发展。

我们来看看美国的小学生是怎样研究的。

孩子们的研究：三棵树为什么不一样？

格雷姆女士在美国一所小学的五年级任教，秋天的一个上午，她班上的几个学生兴奋地将她拉到窗前，指着外面说：“看啊，操场上那三棵树怎么啦？”格雷姆女士看到那三棵并排生长的树，第一棵的叶子掉光了。中间那棵的叶子颜色参差不齐，黄多绿少。第三棵却是绿叶茂密。学生们问道：“这三棵树过去看上去是一样的,为什么现在变得这么不同呢?”格雷姆女士也无法回答他们(学生表现出好奇,从自己的观察中发现了问题)。

格雷姆女士知道,按照课程计划,她的学生要到明年春天才学习植物,不过她认为这正是让学生去研究植物生长情况的好机会,因为问题是学生自己提出来的,所以会引发他们自己去寻求答案的兴趣。虽然格雷姆女士并不十分有把握,但她还是决定尝试一下,让学生在她的引导下进行自主探究。毕竟他们去年观察过种子在不同条件下的生长情况,多少积累了一些研究经验。

于是,格雷姆女士说:“同学们,你们认为那三棵树为什么会变得如此不同呢?”立刻,学生们纷纷举手发言,提出了各自的看法(学生经过思考和讨论,提出初步的设想或假设):

——与光照有关;

——一定是水太多的缘故;

——秋季到了,有些树的叶子会比其他树掉得早一些;

——地下有有毒物质;

——三棵树年龄不同;

——有害虫吃树叶;

——一棵树比另两棵要老一些

…………

当学生列举出足够多的假设时,格雷姆女士便鼓励他们进一步思考,在这些假设中,哪些可以进行调查,哪些只是描述?经过学生思考,去掉只是描述的假设,确定了可以进行调查的假设:一定是水太多;秋季到了,有些树的叶子会比其他树掉得早一些;有害虫吃树叶;一棵树比另两棵要老一些(从初步假设中确定研究课题)。

然后,格雷姆女士让学生根据各自的看法分成不同的小组,例如“水”组(按课题组成研究小组),“季节”组,“害虫”组,等等。她要求每个小组制订计划(制定研究计划),开展一次简单的调查活动(进行实地调查),寻找证据来验证他们的假设(用证据来验证假设)。

在学生制定研究计划时,格雷姆女士倾听他们的设想,让各小组向全班同学说明他们的研究计划,并进行讨论和答辩。通过这种迅捷、公开的现场讨论答辩,使学生反思自己思考问题的过程,完善自己的假设,制定更周密的研究计划。

接下来的三周,学生利用课余时间开展调查研究。各小组充分利用访谈、图书馆、书籍、报刊、互联网等各种资源,搜集有关树木特性、生长过程及其周围环境的信息。

“树龄”组最快找到了问题的答案。他们跟学校有关人员取得联系,找到了购树的原始单据,并且到苗圃去核实,结果发现,这三棵树品种相同,树龄相差无几。对这样较早完成调查的小组,格雷姆女士就请他们加入到尚未结束的其他小组中去。

“水”组的学生几乎每隔一小时就察看一下三棵树周围的地面,他们轮流值日,并记录下各人的观察。他们用记录的数据向全班报告:“掉光叶子的那棵树几乎一直淹在水里;中间那棵有时淹在水里;而绿叶茂密的树周围地面潮湿,但从来没有淹在水里。”

有一位学生回忆说,以前他家栽种的天竺葵叶子变黄的时候,妈妈曾告诉他,这是由于水太多的缘故。“水”组学生读了一本名为《栽培健康植物》的小册子后,明白了当植物的根部被水包围时,就无法从周围空间获取空气,等于是被水淹着。根据自己的观察、他人的解释和从小册子中得到的信息,学生们推断:无叶的树完全被淹,中间那棵树部分被淹,而第三棵树则没有被淹。

“水”组继续工作,调查水的来源。他们发现,学校管理员一周有三次打开草坪洒水系统,开放时间太长了,过量的水流过草坪,汇聚到三棵树这边来。

最后,各个小组集中起来汇报调查结果。学生们发现:①有些观察结果和所得信息,不能解释三棵树为什么会有差异,例如“树龄”组所做的工作;②有些调查结果只能部分地说明观察到的现象,例如“虫害”组的工作;③对学生们来说,感到最合理、既符合观察记录又符合别的途径所得信息的,只有水太多这种解释(根据调查和思考的结果,学生验证最合理的假设)。

全班学生很满意,经过三周的工作,他们找到了一种合理的解释。在格雷姆女士的建议下,学生们给管理员写了一封信,告知他们的发现(发布研究成果)。管理员来到他们班上表示感谢,此后他注意控制好草坪洒水系统(研究成果得到应用)。最后,格雷姆女士问学生,怎样才能证明他们的解释是正确的呢?学生们讨论后说,那就只有等到明年了。

来年同月,格雷姆女士班上的学生们看到这三棵树都挂满了绿叶,就更加坚信他们得出的结论有效地解释了他们的观察(用实践来验证研究成果)。

同学们给学校管理员的信

学校管理员:

您好!

我们班同学注意到，操场上的三棵树在同样的季节里各不相同：一棵落光了树叶，一棵叶子颜色黄多绿少，还有一棵却绿叶茂密。

这三棵树来自苗圃。我们同苗圃取得了联系，他们告诉我们这些树属同一品种，并且树龄相同，所以这不是它们产生差别的原因。

据调查我们发现，那棵落光叶子的树总是淹在水里，树叶黄多绿少的树有时淹在水里，而挂满绿叶的树从来没有淹在水里过。

我们班同学看到书上说植物不能淹在水中，否则，它会因无法从周围空间获取空气而死掉。我们想这可能是这三棵树产生差异的原因。

我们注意到，您一周有三次打开草坪洒水系统，开放时间太长了，过量的水流过草坪，汇聚到三棵树这边来，造成了水淹的现象。希望您采取适当措施，改变这种状况。

对您辛勤的工作，我们表示由衷的感谢！

五年级(1)班全体同学

其实，这就是一篇微型研究论文或研究报告，它直接促成了问题的解决。

研究并不神秘

上面这个例子就是一个完整的研究过程，研究成果还得到了应用，并获得了实践的检验。通过这个例子，我们再一次发现：研究并不神秘，研究的过程和方法也是人人都可以掌握的。特别重要的是，研究的水平和深度并不重要，关键是通过这样的研究过程掌握研究的方法，体验到科学探索的全过程，这种精神和方法将影响人的一生，在需要终身研究的知识经济时代，将起到巨大的作用。

美国耶鲁大学教授陈志武在《中国经济转型需要教育改革》一文中谈到他女儿在美国做研究的情况：

“在我女儿她们四年级的时候，老师就会花一年时间讲科学方法是什么，具体到科学的思辨、证明或证伪过程。她们学到：科学方法的第一步是发现或提出问题；第二步是提出假设；第三步是根据提出的问题去调查和找数据；第四步是做分析、检验假设的真伪；第五步是根据分析检验的结果做出解释。如果结论证明了当初的假设是错的，那么，为什么错了？如果是验证了当初的假设是正确的，又是为什么？第六步就是写出研究报告或小论文。

这个过程讲起来抽象，但是，老师会花一年的时间给实例、让学生自己去做实验。比如，我女儿读四年级时，老师让她们想一想如何应用科学方法，针对什么现实问题来进行研究。她们四五个小孩一起商量了一下，认为可以研究学生每天早晨到校的高峰时间是几点钟。她们设想，每天学校八点半开始上课，那么，8:20左右应该是学生到校的高峰点，这就是她们的假设。她们把这一假设告诉老师，老师说好，你们可以去检验一下这个假设是否正确。于是，她们下一步就是搜集数据。大概有四五个星期，每天清早，这些小孩分头站到各个校门口，去统计学生到校的时间。通过统计数据，她们发现7:50是学生到校最多的时候。这一结论跟她们原来的假设很不一样，否定了最初的假设。为什么7:50到校的学生最多，而不是8:20？后来，她们调查、讨论、分析了很久，得出一个解释：是因为很多的父母送小孩上学后要去上班，而8:00或者8:30是很多公司和机构上班的时间，为了上班不迟到，父母肯定要提前一点把小孩送到学校。这就是她们最后得出的结论。然后，再写出研究报告，向全班同学表述、讲解整个研究过程和结论。

这种活动不是为考试，而是最好的研究性学习，让人学会调查，学会思辨，培养头脑，避免自己被别人愚弄。这种实际动手的研究所达到的训练是多方面的，尤其是靠自己找问题、靠自己调查、靠自己思考、靠自己得出结论，这非常出色。

今天的中国，还是有这么多人相信“8等于发”“4等于死”“5等于无”等等这些东西，为什么呢？这些都跟我们没有从幼儿园、从小学就开始强化科学方法的教育训练有关，更没有把科学方法应用到关于生活现象的假设中去的习惯有关。基于科学方法的思辨能力是一个创新型、民主型社会的基本素质，是走出愚民社会的前提。”

陈志武教授在书中还写道：

“我女儿她们每个学期为每门课要做几个所谓的‘项目’。这些项目通常包括几方面的内容，一个是针对自己的兴趣选好一个想研究了解的题目或说课题。第二是要找资料、收集数据，进行研究。第三是整理资料，写一份作业报告。第四是给全班同学做5到15分钟的讲解。这种项目训练差不多从托儿所就开始。我觉得这一点很有意思，刚才讲到品牌跟市场营销很有关系，因为品牌、市场营销都跟表述技能有关。就我自己来说，从小学到大学那么多年，从来没有在众人面前做表述的机会，更谈不上训练。我第一次在几个人面前做报告，是大学毕业的时候，写了一个关于计算机汉字输入的文章，那是做了一个学期的项目。当时，我把摘要写在几张大纸上，轮到我讲时，老师和其他同学都坐在那儿，我一站在他们前面，就不知道如何讲话了。怎么讲呢？要讲的我已经在纸上写得好好的，但我实在不知道怎么开口。结果，我说，‘你们干脆自己读我上面写的吧’，我就不讲了。后来老师还让我通过论文答辩了。那是我第一次在几个人面前讲述自己的研究和观点，但我就是讲不出来。我的第二次机会是在国防科大读了两年半的研究生后，又是要讲毕业论文，那一次稍微好一点。

正因为学校鼓励学生都去追求书面考试分数，所以，从来不在乎表述能力的训练。幸运的是，现在我在多人面前讲不会发抖了，这是经过多年磨炼的结果。回想起来，如果我从小学就开始这样磨炼的话，恐怕就不是现在这个样子了，可能能上升到另一个高度。

关于研究性项目，我的大女儿陈晓在五年级时，对北京的气候感兴趣，她在社会课上做了一项研究，把北京一年12个月中每月降雨量、温度的历史数据收集起来，然后计算历史上每个月的降雨量的最高、最低与平均值，计算每个月温度的最高、最低与平均值，然后再分析这些跟北京的其他天文、地理情况的关系，写好报告以及讲解文稿，并在全班同学前讲她的这些分析结果。我觉得这样的课程项目研究与讲解是非常好的一种训练。实际上，她在小学做的研究与写作跟我当教授做的事情，性质差不多。我做研究上网要找资料，而她也是为每个题目上网找资料、做研究，她写文章的训练也已经很多。这就是美国教育厉害的地方，你看一个小孩，在研究思考上已经这么成熟，以至于到现在，我跟我女儿说，她很快可以做我的研究助理了。但在国内，一些本来很聪明的人即使到读博士研究生时期，还不一定具备这些研究素养、研究能力，有些研究生连做个研究助理可能还不合格。

正因为这种研究和思辨能力的培养，现在我跟女儿讨论问题时，她们一听到任何话，很自然地就会去怀疑、审视，然后就看能否找到证据来证明这个话逻辑上或者事实上、数据上站不站得住脚。这种习惯看起来简单，但是对于培养独立的思辨能力，让学生毕业以后，特别是大学毕业以后，不只是简单地听领导的话的机器，这些是非常重要的自然的开端。”

我们看到，生活中处处可以找到可研究的问题，研究的过程和方法也并不神秘和艰难，人天生就有自学和研究能力，谁都可以从事研究，甚至连幼儿园的孩子和小学生都可以做研究，研究过程能培养人质疑、搜寻资料、思辨和自主创新能力，而且当众做研究报告能提高表述能力，会影响到未来市场营销能力和品牌的形成，更重要的意义是使人成为有创造力和民主意识的现代公民。

惊世才女是怎样炼成的？

> 使自己成为杰出科学人才的最好方法就是停止当学生，直接成为研究者。
>
> ——一位诺贝尔奖获得者的忠告

一步迈过几十年

多年前，我国多家媒体纷纷报道：中国出了一位名叫王小平的"惊世才女"。

王小平是河北省石家庄人，她 15 岁时从中学主动退学回家自主研究，17 岁时便登上全国教育学术研讨会讲坛，给众多教育专家们作"大成教育"的学术报告，引起轰动。18 岁时在多所高校举办教育系列讲座，她精彩的演讲和机智的答问受到热烈欢迎。她同时还在报纸上开办"大成教育"专栏，引起许多读者的关注。

20 岁时，她独自写出《本领恐慌》一书，引起极大反响，好评如潮，全国上百家媒体争相报道，同时她被多所大学聘为客座教授，被多家学术机构聘为特约研究员。

21 岁时，她又写出了挑战美国未来学大师托夫勒的奇书《第二次宣言》，受到我国众多专家学者的高度评价。王小平的一系列著作在我国港、澳、台以及北美等地都产生了很大反响。后来，她又出版了《出发：与智慧同行》《奇迹》等著作，还被邀请担任浙江临海市的学习化城市建设顾问，全国各地争相邀请她去演讲……

王小平一步就迈过了别人十几年甚至几十年的学习历程，直接把众多研究成果呈现给了世人，而且都产生了巨大反响。她为什么有这么高的学习效率？她为什么能写出这么多轰动社会的著作？她为什么这样受读者欢迎？仔细考察一下，正是她的学习方法实现了根本性的战略转变，自觉地采用了最适合信息社会的研究性学习方法。

退学：直接成为研究者

王小平的学习方法与美国未来学大师托夫勒的学习方法惊人的一致，而且她敢于站在巨人的肩上，明确提出要超越托夫勒，其志向之大，令人刮目相看。

1995年，15岁的王小平升入石家庄市第二十七中学读高一。她的学习成绩在班里总是第一名，平均成绩比第二名要高出70多分，还是三好学生。在老师、父母、同学都认为她前途无量，今后肯定能考上重点大学时，她却突然退学回家自学去了！

她并不是一时冲动和盲目退学，而是经过了深思熟虑才下了这个决心的。王小平从小就爱看课外书，她总感到课外的收获比在课内的收获大得多。学校一个学期才学十来本教材，她一个月至少能读几十本书。在学校学那么一点东西却要花费大量的时间和精力，她认为实在太不值得。

她在课外书中读到毛泽东的学习方法，受到极大启发。毛泽东早年多次主动退学到校外自学，并认为自己一生中收获最大的时期就是在湖南图书馆自学的半年。王小平不但想学毛泽东的主动退学精神，还想超越毛泽东的自学方法。

有一天，她偶然读到一位诺贝尔奖获得者说的话："使自己成为杰出科学人才的最好方法就是停止当学生，直接成为研究者。"这句话使王小平深受震撼，她立即决定彻底改变自己的学习战略——把学习变为研究，而且立即退学回家自主研究！

她退学的决定把她父母吓了一跳，她父亲听到这个决定时，眼里露出了大吃一惊的神色，好半天都不说一句话。她妈妈听到这个决定时，以为她在开玩笑，后来发现是真的，当时就发火了，坚决不同意。

幸运的是，王小平有一位开明又智慧的父亲。父亲跟她耐心地谈到："做事情不能光往好的方面想，也要往坏的方面考虑。你知道这样选择，会带来什么后果吗？如果你放弃了上大学，那就只能是个初中生的文凭。你的同学们都大学毕业了，那时你还没有研究成果，你会有什么感想？你那时怎么办？你一生怎么办？这些你想过吗？把这些想清楚了，再做决定。经过否定否定不了的肯定，才是可靠的肯定。你先自己去否定一番再说。"

经过一整天的思考，第二天，王小平郑重地跟她父亲说："爸爸，我经过否定了，但否定不了，我要按自己选择的路去走。"她父亲说："你真的考虑清楚了？

搞研究可不是简单的事,你就相信你现在就有搞研究的能力?”她回答说:“爸爸,你难道还不相信我吗?以前我们讨论问题,你不是也经常夸我思维敏锐,很多时候比你想得还多还好吗?我相信自己有这样的能力!”她父亲说:“如果你真的选择好了,我不会拦你的。不过选择不是儿戏,你要学会对自己的选择负责。那把你现在的打算、决心录音,今后你的想法有了改变时,可以听听你当时是怎么想的,怎么下的决心。”王小平真的录了音,她父亲不再反对了。

她父亲同意她退学了,可她母亲、外婆、班主任、同学都不理解,都劝她回学校读书,劝她不要毁了一生。王小平听到这些议论反而产生了一股激情:“别人这样看我,我一定要做出成绩来让别人看看!”她顶着巨大的压力,毅然退学了!

王小平退学后,选择了自己最感兴趣的“成功学”和“教育学”作为研究方向,在写作中进行创造性的研究性学习。

正是这种自主的研究性学习,使她在很短的时间内就获得了一系列惊人成果,使她成为了“惊世才女”。

自用之才

王小平与未来学大师托夫勒有一个共同特点,就是他们都有强烈的未来意识。她写的《第二次宣言》就是一本典型的未来学著作。她曾经说过:“我在网上看到一个有趣的东西,说的是‘你想生活在哪个朝代’,最后得出的结论是生活在唐代还是宋代,我记不清了。这是中国人典型的后馈思维。如果让我选择,肯定会选择生活在当代,生活在今天。仅仅因为有网络,就会使我对生活在今天而感恩。”

中国人最喜欢向后看,总认为今不如昔,什么都是过去的好,有极为浓重的历史情节。王小平长期进行自主研究性学习,这种学习是面向未知的探索性学习,必然形成面向未来的思维倾向。这种面向未来的思维方式,是现代社会最需要的。王小平说过:“我走到今天,正是我策划未来的结果,也就是我遵循‘未来决定现在’的结果。这种‘未来决定现在’的前馈思维方式,是我们今天最需要的先进思维方式……我从来不想当‘被用之才’,而想当‘自用之才’,自由自在地去工作。”自用之才只有靠自主性的研究性学习才能获得。

原来,“惊世才女”就是靠面向未来的自主研究性学习炼成的。

怪不得美国人制定了“2061”计划,规定美国孩子从幼儿园就必须开始研究,原来他们要培养下一代成为杰出的科学人才。我国只有一个王小平,而美国人却想把他们的孩子都培养成王小平式的杰出人才……

退学潮正在涌来

王小平退学回家自主研究，取得了巨大成就，无独有偶，日本青年女作家金原瞳从小就没去学校上学，但她写出了小说《蛇信与舌环》，并获得了日本第130届介川奖。

我们发现，如今不上学或退学的人越来越多了。童话大王郑渊洁的儿子郑亚旗、新锐作家韩寒、美国微软总裁比尔·盖茨等都是退学后成就了一番事业，美国已经有三百多万中小学生选择在家学习。

为什么这么多人要退学？这么多高中生放弃高考？这么多大学生找不到工作？为什么有些人退学后反而取得了巨大成就？这是偶然的，还是背后有什么规律？

被誉为“日本战略之父”“全球五位管理大师之一”的大前研一在他写的《思考的技术》一书中尖锐地指出：“没有去上学的人反而在社会上成功了，因为学校教育完全跟不上现实价值观的改变。学校就用这套落后的价值观，为国家教育一批批对21世纪最不适用的学生。”“现在在学校越认真学习的孩子，越容易与时代脱节。进入一个没有答案的复杂时代，由于前提不同，就算学习凯恩斯的经济学也是没有用的。总之，现在的时代最需要的不是填鸭式教育，也不是在有答案的情况下受教育，而是让孩子学习去问‘为什么？’”“在这种情况下，学校的功能应该是培养孩子们养成动脑筋思考的习惯，让孩子对于无解的问题设法提出假设，并不厌其烦努力证明自己的假设是正确的。”

大前研一极力倡导的其实就是把学习变为自主研究。他的二儿子也是初中就退学去自学电脑编程，现在也取得了相当不错的成绩。大前研一指出：“我的儿子从初中时代就自学计算机C语言，然后开始写程序，他的高等数学也是靠自修学习，包括建筑学在内的原理原则，也全都是他自己自修学来的。这和有没有上学、有没有参加考试完全无关，因为这些都是他自己想学的东西，所以他才能全数吸收。”“与其让就读初中的孩子在学校被扼杀大脑的创造力，还不如让他尽情做自己想做的事情，其实这已经是时代的趋势了。”

未来学家托夫勒曾经预测，未来的学校将是“电子私塾”，即以互联网和电脑辅助研究的现代私塾。

我们的家长、教师认识到这个趋势了吗？不要迷信考试成绩，不要迷信高考，应迅速进入自主研究，并从研究过程中获得爱思考的习惯和掌握研究的方法，这样才能成为最适应未来的创造性人才。

第四篇　创造的方法

创造的方法，就是科学技术创造发明的方法。要具有持续的创造力，就必须掌握系统的科学研究和技术发明的方法。科学研究的方法包括观察、发现和提出问题、大胆假设、搜集证据、设计实验、归纳和演绎推理、实践检验，等等。要学会系统的科学研究方法，就必须彻底改革传统的课堂教学方法，把继承性学习转变为创造性学习，即要重点掌握前辈科学家和发明家的创造发明方法，在课堂上全面激发学生的想象力和创造力，而创客教育就是一个很好的突破口。培育创造力，必须有充满创新精神的学校出现，而这样的学校，正在发达国家不断涌现，中国必须尽快借鉴。

观察：仰观宇宙之大，俯察品类之盛

> 观察、观察、再观察。
>
> ——巴甫洛夫

出人意料的实验

现代化学方程式的创始人，铈、钍、硒三种元素的发现者，瑞典化学家柏济利阿斯曾在一次化学课上严厉批评听课的大学生，说他们都是些庸才，不可能成为化学家，因为他们全都缺乏化学家卓越的观察能力。学生们当然不服，纷纷反问他为什么如此乱下结论。

柏济利阿斯听完学生的反驳，心平气和地说："我们还是先做个实验吧，至于我责备你们的根据，要等实验完毕才告诉你们。"

柏济利阿斯从实验台上拿起一个瓶子，把煤油、沥青及白糖的溶液混在一起，然后伸进一个手指，又把手指再放到嘴里，用舌头尝这种混合液体的滋味。然后，他又把瓶子递给学生，让他们每人都品尝一下，再鉴别是什么液体。柏济利阿斯强调，这种液体无毒，它的外表和气味都不足为据，必须亲口尝尝才能鉴别。学生们都老老实实按他的样子做了，只见他们一个个吐着舌头，一副愁眉苦脸的样子。

半个小时过去了，没有一个学生能回答教授所提出的问题。柏济利阿斯不禁哈哈大笑起来："亲爱的同学们，你们上当了！看来我的批评是有根据的，你们中间没有一个人善于观察，我伸进瓶子里的是中指，而放进嘴里的却是食指，这个细节你们谁也没有发现，你们都真的品尝了同一个手指上的溶液。"

可见观察是最简单的，但又是最容易被人忽略的一种能力。

在从事研究时，观察往往是第一步，从观察中发现问题再转化为研究课题，是许多研究过程的开始。

大自然和人类社会充满了各种有趣和神秘的现象，人类历代积累下来的知识中也存在许多缺陷和不足，如果你善于观察，从中就能发现许多有趣的、待解决的问题。

观察、观察、再观察

法国昆虫学家法布尔为了了解雄蚕蛾是如何寻找雌蚕蛾交配的，整整观察了6年。他还连续40年观察了蜣螂的生活习性。观察昆虫的活动，已经成了法布尔的习惯。正是在这种长期观察的基础上，最终法布尔写出了轰动世界的名著《昆虫记》。

观察是一切研究的开始，也是研究过程中处处需要的能力。俄罗斯著名生理学家、条件反射理论的创始人巴甫洛夫在自己的实验室里贴着"观察，观察，再观察"的座右铭。

细菌学家弗来明因一次偶然的观察而发明了青霉素，并因此获得了诺贝尔奖，他说："我唯一的功劳是没有忽视观察。"

1929年的一天早晨，弗来明和平日一样认真观察他在培养碟内培养的各种细菌，他无意中发现培养葡萄球菌碟子里的葡萄球菌溶化了，而从空气中飞来的一种绿色霉菌却繁茂地生长着。这对细菌学家是司空见惯的事情，本可以不屑一顾，但却引起了弗来明的思考：这有可能是一种非常强大的杀菌物质，才会使这些顽固的葡萄球菌被杀死。他和他的两位助手李雷、克拉多克不是只停留在理论的思索之中，而是立即将这种绿色的霉菌进行培养、提炼。经过精心培养、提炼的霉菌经过试验，发现具有强大的阻止葡萄球菌繁殖的能力，同时又证实这种新的霉菌是人类有史以来从未发现过的，是对细菌最具杀伤力的新物质。11年后，弗来明发表过的论文引起了英籍病理学家法劳来的重视，法劳来夜以继日地工作，经过无数次的培养提纯，终于在1941年培养出了较为理想的青霉素样品。

1941年，法劳来和西德雷从英国来到大洋彼岸的美国，克服了人们难以想象的种种困难，建立了世界上第一个生产青霉素的工厂。自青霉素被发现以来，相继研制成功的抗生素如雨后春笋般涌现了出来，如链霉素、氯霉素、金霉素、土霉素、庆大霉素，等等。这些抗生素的临床应用使往日猖獗一时的传染性疾病和感染性疾病得到了有效的控制，自1943年青霉素应用于临床以来，各种抗生素已挽救了世界亿万人的生命。

一次不起眼的观察，创造了多么惊人的奇迹！

博物智能

美国哈佛大学教授加德纳曾提出了人的8种智能理论,他后来发现人类还有一种智能:博物智能。拥有博物智能的人,特别善于观察大自然中的各种生物并进行分类整理。博物智能的代表人物是达尔文,他的巨著《物种起源》,就是靠对生物标本和化石的长期观察和分类整理而奠定基础的。

法国启蒙思想家、法学家孟德斯鸠在《波斯人信札》中说过:"我以观察为生,白天所见所闻所注意的一切,晚上一一记录下来,什么都引起我的兴趣,什么都使我惊讶。"正是这种强烈的好奇心和观察能力,使孟德斯鸠成为了著名的启蒙思想家。

现代社会正快速进入信息文明时代,互联网的普及,使许多青少年沉浸在网络营造的虚拟环境中,不愿与大自然和社会接触,极为缺乏深入观察大自然和人类社会的兴趣和能力。当今世界急需治理生态危机和减轻环境污染,保持生态平衡,特别需要大批具有博物智能的人才。已有科学家预言,今后博物智能将是社会最需要的智能,而这种智能主要就是靠经常观察大自然中的各种生物才能获得。

脱掉大衣

怎样才是科学的观察呢?

苹果坠地、水蒸气冲动壶盖,这些是谁都见惯了的现象,但牛顿和瓦特却从中发现了万有引力定律和蒸汽机的原理。这说明,观察时要特别注意事物背后比较隐蔽和稍纵即逝的东西,善于发现一般人不容易发现的规律。

观察的方式更是多种多样,有长期观察法、重复观察法、比较观察法、间接观察法、隐蔽观察法、整分合观察法,等等。

整分合观察法是现代科研用得越来越多的观察法,这种方法就是先整体观察,然后从不同角度进行观察,观察事物的各个方面、各种特性,最后再观察它们之间的联系,从而对事物有一个整体的认识。这种观察法兼顾了分析性的观察和综合性的观察,是比较全面的观察法。

不管采用哪一种观察方式,在观察前,都要有明确的观察目标与目的,制订详细周到的观察计划,拟订严谨系统的观察提纲。

观察的目的性,就是要求你能做到:有明确的观察对象、观察要求、观察步骤和观察方法。具体就是指:观察什么?在什么时间观察?在什么地点观察?观察多大范围?观察多少次数?用什么方式观察?用什么仪器和技术手段观察?按什么顺序观察?是先整体后局部,还是先局部后整体?通过观察要达到什么目的?

特别要强调的是,科学观察要求客观、真实,不能有先入之见,观察时要排除一切主观因素。自己的看法和结论,应当在课题研究结束的时候自然得出。英国著名科学学家贝尔纳说过:“走进实验室,摆脱掉你的想象力,就像脱掉了身上的大衣一样。”科研需要想象力,但观察的时候不需要想象力,只需要准确记录客观的事实和数据。

你还应当把观察到的现象写下来,最好能有一本观察日记,从观察记录中挑选出你最感兴趣的问题,然后针对这一问题去做一些资料收集工作,确认该问题转化成研究课题的可行性。达尔文当年就写了大量详细的观察日记,为创作《物种起源》奠定了基础。搜集资料时,还要及时记下资料的来源,今后写研究论文时作为引用的根据。你还可以去请教导师和专家,从他们那得到观察方法的直接指导。

前期的观察工作都做好了,你就可以从中发现问题并确定自己的研究课题了。

提出问题：研究的开始

提出问题比解决问题更重要。

——爱因斯坦

有趣的考试

20世纪30年代，我国近代史学家蒙文通在四川大学任教时采用了独特的考试方法——他的考场不在教室里，而是在川大旁边望江楼公园竹丛中的茶铺里，学生按指定分组去品茗应试，由蒙先生掏钱招待喝茶。考试方法也很有趣，不是先生出题考学生，而是由学生提问先生。往往考生的问题一出口，蒙文通就知道了学生的学识程度。如果学生的问题问得好，让他难以回答，蒙先生便大笑不止，并给高分，然后点燃叶子烟猛吸一口，开始详加评论。

这种学生用提问来考先生的方法，看似荒唐，其实深有道理。

爱因斯坦说过：提出问题比解决问题更重要。能提出一个好问题，是非常不容易的。提问就是质疑、思考、探索的起源，是一切科学发明创造的开始。能提出一个好问题，说明提问者思维水平高，能想到一般人想不到的方面或深度。

古希腊哲学家苏格拉底就是在雅典街头不断向行人发问，促使对方深入思考，成为了培育大众独立思考能力的“助产婆”，他自己也成了伟大的哲学家。

犹太人为什么在各个领域中涌现出了众多有创造力的杰出人物？原因之一就在于以色列的中小学特别鼓励学生向老师提问，不断挑战老师，老师也积极回应学生的挑战，双方互相激励，思维水平不断提高。

著名犹太物理学家、因发现核磁共振现象而获得1944年诺贝尔奖的Isidor Rabi曾被记者问到：什么原因使他成为如此成功的科学家？他回答说：“我的母亲从来没有打算将我培养成科学家，但她却是在科学道路上对我影响最大的人。每一个在布鲁克林的母亲都会在放学后问她们的孩子：今天有没有学到什么新东西啊？但我的母亲却会问我：孩子，你今天有没有问出一个好问题呢？正是这个问题，最终使我成为了一名科学家。”

犹太学校和家庭中这种鼓励提问的氛围,使犹太人思维水平普遍很高,激发出了无穷的创造力,犹太民族成为了世界上最有创造力的民族。

科学研究开始于质疑,善于提出问题,直接关系到创造力的培育,应当引起高度重视。

学习伙伴

以色列有一种犹太学院,学习内容主要是犹太人历代智慧的结晶《托拉》。犹太学院的课堂让人震惊,几乎是一片混乱。教室里只见一行行的桌椅,两两相对的学生会把《托拉》放在桌上,面对面坐着,手舞足蹈地争论着。双方都试图去阐述自己对《托拉》的理解,并互相质疑、反驳。《托拉》中古老的文字内容也是用特定的旋律颂唱出来,以强调贯穿始终的逻辑韵律。成百上千的学生这样学习,显得非常“无序”,但却达到了对《托拉》的深刻理解并获得了强大的灵感和智慧。

犹太人学习的方法论基于如下原理:

(1) 学习要围绕着一定的情境。

(2) 质疑是必需的。

(3) 所有问题都被重视。

(4) 学习中产生冲突是不可避免的,因而是正常的。

(5) 没有绝对的对与错,所有答案都是主观的,也就都有它的正确性和不足之处。

(6) 学习是为了学习本身,而不是为了某种别的目的。

(7) 学习时最好找到一个伙伴一起进行。

(8) 学习伙伴的任务是向对方提问,提出挑战,双方因此进入深度思考。

(9) 所有人都可以学习。

(10) 所有人都需要终身学习。

(11) 矛盾是可以被接受的,并不应当拒绝。

(12) 形象思维和逻辑思维一样重要。

犹太人学习方法论的精髓就是结成学习伙伴,然后相互提出问题,展开相互挑战,促进深度思考。一个人在挑战自己的学习伙伴时不能手下留情,不能对对方观点的漏洞视而不见。在犹太学院中,每一位出色的人物,都有一位同样出色的学习伙伴。一个学习伙伴,几乎就是自己的精神伴侣。如果自己的学习伙伴去世了，那个人甚至会感觉自己的灵魂的一部分也消失了。

这种学习伙伴制的目的是通过相互质疑和提问来提高双方的思维能力，而思维能力是创造力的基础。

猫是左撇子还是右撇子？

发现或提出问题后，下一步就要善于把问题变为可研究的课题。进入研究过程首先要确定一个合适的研究课题，那么该怎样确定研究课题呢？

留美博士黄全愈曾经写了一篇《孩子能不能搞研究?》的文章，其中举了许多例子说明孩子也可以搞研究，而且越早开始研究越好。他在文章中介绍了美国一所中学的学生选择的研究课题：

——音乐(古典音乐，乡村音乐，摇滚乐)对植物生长的影响。

——色彩对植物生长的影响。

——食物的色彩对消费者心理的影响。

——狗靠什么来选择玩具？

——猫是左撇子还是右撇子？

——辛辛那提地区的气温与环保。

——老鼠有决策能力吗？

真可以说是五花八门，妙趣横生，甚至匪夷所思。

从这些课题中可以发现，美国中学生选择研究课题时思路开阔，想象力丰富，充满趣味。

我国深圳翠园中学的同学们选择了这样一些研究课题：

——客家文化研究。

——高层建筑(以深圳地王大厦为例)的特点。

——深圳新一代人的理想职业。

——深圳中学生消费观研究。

——流行音乐与年轻一代。

——中学生早恋问题研究。

——沙头角中英街的商业发展。

——大都市环境与光污染研究。

——深圳人向西部发展研究。

——网络个人隐私保护研究。

——黑客问题研究。

——深圳宠物市场研究。

——深圳中学生电声乐队暑假专场演出活动方案。

我们看到，深圳中学生选择的课题非常具有深圳特色，而且范围也比较广泛，大多与中学生的生活密切相关，但课题的广度和趣味性似乎不如美国中学生，有些过于严肃。其实，研究无禁区，研究课题可以丰富多彩，越有趣越能调动同学的研究积极性。

表面上看，选择研究课题似乎很容易，其实选题关系到后续研究的成败，并不那么容易，甚至可以说，选对了课题，研究就成功了一半。选择课题直接与提出问题密切相关，因此必须高度重视。

课题选择的常见误区

选择研究课题容易出现如下的误区：

◎ 选择研究课题时，最容易犯的毛病就是选题过大，使课题不具备研究的条件。

深圳某中学高一年级的一个研究小组选择了这样一个课题：《人类潜能研究》。这个课题就大得吓人。首先，多大范围算“人类”？全世界那么多国家，那么多民族，选哪些国家的哪些民族的人来研究才能代表“人类”？即使选出来了，能有条件去研究吗？另外，什么叫“潜能”？光把这个概念弄清楚就是一件不容易的事情。而且人的潜能有许多种，表现形式也极多，你应当选哪些来研究？要花多长时间来研究？用什么方法来研究？取得什么样的研究成果？可以说，人类潜能研究是一个世界性的难题，牵涉到众多学科，是人类历史上一个亘古常新的问题，这样大的尖端课题，是中学生没有条件也没有能力去研究的。

研究既要异想天开，也要脚踏实地，应当在自己的能力和条件容许的范围内去选择研究课题，否则将会使自己的研究难以进行下去，挫伤自己的自信心和研究兴趣。

◎ 课题缺乏适当的研究时限。前面我们提到的研究课题——《老鼠有决策能力吗?》，老师规定用两个半月的时间来完成。课题研究有没有时限大不一样，有了时限，无形中对研究者就有了一种压力。适当的压力往往会变成动力，能激发出人的潜能。根据国内外许多学校的经验，不超过一年的时间就能完成的课题才是比较适合中小学生的课题。这方面，也要多听听导师和专家的意见。有职业的成年人主要利用业余时间来研究,可以把时限定得长一些。未来学家托夫勒研究世界未来发展趋势,撰写《第三次浪潮》用了10年时间。马克思研究资本主义的发展规律,撰写《资本论》竟然花了40年的时间!

◎ 不善于利用业余时间来研究。许多人总觉得“研究”是一件非同小可的事,必须有大量专门的时间来进行。人们迟迟不愿开始研究的一个重要原因,就在于认为“没有时间”。其实,前面我们已经反复分析过,研究并不神秘,人人都可以从事研究。同样,研究也并不一定需要大量专门的时间,完全可以利用业余时间来进行。

年仅26岁的爱因斯坦在瑞士伯尔尼专利局任小职员时,他充分利用业余时间研究物理学。爱因斯坦当时并没有与世界第一流的科学家接触的机会,也缺乏良好的科研条件,但他全凭业余研究在一年内连续取得了多项影响深远的科研成果,直到100年后的今天,仍然没有人能超越他。爱因斯坦的奇迹充分说明了利用业余时间来研究同样可以取得震惊世界的科研成就,在当今互联网发达的信息社会,研究条件比当年爱因斯坦的研究条件不知好了多少倍,我们还有什么理由不开始研究呢?

◎ 课题不能与业余爱好结合起来。有些人选择的课题与自己的业余爱好没多大关系,这样的课题往往在研究中不能深入持久,很难达到较高的研究水平,而且无法使研究者充分利用业余时间来自觉研究。

◎ 香港一位的士司机很喜欢蝴蝶,他利用业余时间研究蝴蝶。一到休息时间,他就去野外捕捉蝴蝶,制成标本,悉心研究蝴蝶的分类和生活习性,还写出了研究专著,最后他成为了蝴蝶研究专家,一些大学和民间环保组织经常邀请他去开讲座,他的生活因此而变得充实有趣。

非功利的心态

有些人一开始研究,就急着想出成果,希望对社会产生影响和获得名利,非常浮躁,这种心态很要不得。获得过两次诺贝尔奖的居里夫人说过:“我深信,在科学方面,我们有对事业而不是对财富的兴趣。当皮埃儿·居里和我考虑要不要在我们的发现上取得经济利益时,我们都认为不能违背我们纯粹研究的观念。因而我们没有申请镭的专利,也就抛弃了一笔财富。我坚信我们是对的。诚然,人类需要讲究现实的人,他们在工作中获得很多的报酬。但是,人类也需要梦想家——他们受事业的强烈的吸引,既没有闲暇也没有热情去谋求物质利益。我唯一的奢望是在一个自由的国家中，以一个自由学者的身份从事研究工作。”这种非功利的心态，反而更容易取得重大的研究成果。

对研究工作，要有适当的时限，但又不能有太严格的时限。对中小学生的研究应当有适当的时限，但对成年人的、重大的、基础性的研究课题要以宽松的心态对待，给自己或其他研究者以充分的自由。闲暇出智慧，世界上许多重大的科研成果，都是在非功利的、宽松的、甚至是休闲的状态下取得的，急功近利是培育创造力的大忌。

古希腊为什么涌现了那么多有创造力的杰出人物？重要原因之一在于：希腊人发展科学和哲学，目标不是为了功利和实用目的，而只是因为对自然现象和社会现象表现出困惑和惊奇，以及为了解除困惑而必需的求知。亚里士多德说：“不论现在，还是最初，人都是由于好奇而开始哲学思考，开始是对身边所不懂的东西感到奇怪，继而逐步前进，对更重大的事情发生疑问，例如，关于月象的变化，关于太阳和星辰的变化，以及关于万物的生成。一个感到疑难和好奇的人，便觉得自己无知(所以，在某种意义上，一个爱智慧的人也就是爱奥秘的人，奥秘由奇异构成)。如若人们为了摆脱无知而进行哲学思考，那么，很显然他们是为了知识而追求知识，并不以某种实用为目的。”

这样为求知而求知，纯粹是出于一种对智慧的热爱，这是希腊学术的重要特点。

从前面我们谈到的例子中可以发现：研究不但无禁区，而且任何人在任何时间都可以开展研究，课题可大可小，时间可长可短。当你的爱好与研究融为一体，并有非功利的心态时，你的生活质量和精神境界就提升了一个层次，知识水平和研究能力也会不断提高，创造力也会不断提升，生活因此而充实和幸福，何乐而不为呢？

创造的利器：科学研究方法

认识一位天才的研究方法，对于科学的进步并不比发现本身更少用处，科学研究的方法经常是极富兴趣的部分。

——拉普拉斯

人要拥有创造力，就必须掌握最有力的工具——科学研究的方法。欧洲人正是率先发现和掌握了科学研究的方法，才引发了科学革命和工业革命，使欧洲文明领先于全世界。

科学研究的方法，也是逐步发展和完善的。

逐步逼近法

16 世纪，丹麦天文学家第谷经常用望远镜观测天文现象，经过二十多年的时间，他积累了大量的天文观测资料，但他并没有对这些资料做系统深入的研究。后来，德国天文学家开普勒对第谷积累的观测资料进行了仔细研究，提出了太阳绕地球转的假设，但他后来发现与实际观测的数据不符。他又假设火星绕太阳做圆周运动，但仍然与观测数据不符。最后，他假设火星绕太阳做椭圆运动，终于与观测数据相符了。开普勒就是用这种通过实际观测数据来不断验证和修改假设，然后逐步逼近的方法，发现了行星运动三大定律。

通过这个例子，我们发现，科学家在进行研究时，通常采取这样几个步骤：

首先从观察或实验开始，尽量多地收集观察资料或实验数据，然后对资料或数据进行仔细分析思考，经过分类、对比、归纳、推理、联想、计算、总结等思考过程后，思维便会发生一个飞跃，通过想象、概括得出初步的结论。但这个结论还是粗略的，还只能算未经证实的假设或猜想，这是对解决问题的第一步逼近。

为了检验初次假设的正确性，必须继续进行观察和实验，如果新的资料和数据与假设相符，那么初次假设就更可靠。如果观察资料和实验数据与初次的假设不相符，就要思考原因，并修改初次的假设，然后再提出第二次假设。这样继续下去，一次比一次接近于可靠的假设，这就叫逐步逼近法。

那么最终怎样判断假设的可靠性呢？可靠的假设必须符合两个条件：一是能圆满解释已有的全部观察资料或实验数据（内符）；二是根据假设能做出正确的预言（外推），而且预言能够被观测或实验证实，这样的假设就是可靠的，可以指导今后的实践。

激动人心的预言

科学的预言往往显示出神奇的力量。

1869 年以前，科学家对某些化学元素，如氢、氧、钾、镁等的性质，已经有了初步的了解。但这种了解还是孤立的，对这些元素之间有什么联系还缺乏深入的了解。俄罗斯化学家门捷列夫别出心裁地把元素按照原子量的大小排成次序，发现每经过一定的排列间隔，就有化学性质相似的元素出现，也就是说，元素的化学性质随着原子量的增加呈现出周期性。于是，他提出了“元素性质周期性变化”的假设。这个假设能圆满解释已经发现的元素的化学性质之间的联系，这叫“内符”。但能否预言未发现的元素性质呢？即这个假设能否“外推”呢？

门捷列夫根据元素性质周期性变化的假设，大胆地预言了一些当时还没发现的元素的存在，而且预言了它们的性质。比如，1871 年，他预言有一种新的金属元素存在，它的原子量接近 72，比重约 5.5。果然，在 15 年后的 1886 年，科学家发现了金属元素锗，原子量为 72.6，比重为 5.35。由于门捷列夫的所有预言后来都被相当准确地证实了，因此，“元素性质周期性变化”的假设最终成为科学界公认的“化学元素周期律”。

门捷列夫说过：“确定一个定律的正确性，只有借助于由它推导所得的结论（当还没有这定律时，这些结论是不可能有的和不可设想的），以及这些结论在实际考验中的证实……而要寻找某种东西，或是某种关系，除了看和试之外，再没有旁的方法了。”这里明确地指出了科学研究的重要方法是：看和试，即观察和实验。当提出了假设或猜想后，必须到观察或实验中去证实，观察和实验是人类重要的实践活动，这就是“实践是检验真理的唯一标准”的道理。

人人可以掌握科学研究的方法

可以发现，掌握科学研究的方法并不难，只要考察一下科学家们是用什么样的方法来研究的，再实际地参与几项课题研究，慢慢便可以掌握科学研究的方法，甚至你都可能创造出自己独特的研究方法。

做任何事都必须讲究方法，方法对路，能收到事半功倍的效果，在科学研究上更是要特别注意方法，否则将浪费大量的时间和精力。

每门学科研究的对象不同，研究方法也应当不同，各有自己的特点，善于迅速地找到最好的方法，是一项很重要的才能。著名物理学家拉普拉斯说过："认识一位天才的研究方法，对于科学的进步并不比发现本身更少用处。科学研究的方法经常是极富兴趣的部分。"牛顿说他善于站在巨人的肩上，实际上是他善于借鉴巨人的研究方法。

门捷列夫采用分类、排列、比较、假设、预言的方法，发现了元素周期律；法国物理学家德布罗意采用对称和类比的方法，提出了德布罗意波（相波）理论；我国晋朝的陆机写了《文赋》，梁朝的刘勰写了《文心雕龙》，这两部著作对文章的写作方法进行了系统的研究；许多著名的科学家、哲学家，如培根、笛卡儿、爱因斯坦、康德、波普尔等甚至把科学研究方法论作为专门的课题来研究。

"看""试""想"协作

科学研究最常用的三大武器是观察、实验、思维，简单说来就是"看""试"和"想"。通过观察或实验，从大自然中得到观察资料，或者发现新的实验现象；经过思维，找出这些零散的资料或数据之间的联系，使之成为一个新的定律、理论或完整的思想体系。检验这个定律、理论或思想体系的正确性的唯一标准是实践，如果它既能圆满地解释已有的现象（内符），又能正确地预见将来（外推），而且能够在相同条件下多次反复（可重复性），那么，这就是新的定律、理论或思想体系。

有些科学家擅长观察，有些擅长实验，有些擅长思考，兼有这三种才能非常重要，但却很不容易。历史上许多重大的科学发现，通常是这三种人之间相互协作的结果。比如，第谷善于观测，开普勒善于思考，二人前后相继协作，最终发现了行星运动的三大定律。理论物理学家杨振宁、李政道提出了宇称不守恒，杰出的实验物理学家吴健雄用实验验证了这个结论，最终使杨振宁、李政道二位获得了诺贝尔物理学奖。

美国著名的科普作家阿西莫夫说过："在人与自然界斗争的智力角逐中，有三步棋是一定要走的：第一，必须把关于自然界某些方面的观察资料都收集起来;第二,必须把这些观测资料条理化;第三,必须从已经条理化了的观察资料中找出概括这些观测资料的某些原理。”

如果你经常选择一些课题进行研究,就会逐步掌握科学研究的一般方法,做起研究来必然如虎添翼,你也会成为一个具有科学精神并掌握了科研方法的现代人,成为具有持续创造力的人。

空间为什么是弯曲的？

把科学家的研究方法从他们的头脑里解放出来，成为大众研究的有力武器。

——刘　伟

归　纳　法

牛顿 14 岁的时候，家乡遭受一场暴风雨的袭击。别人都往家里跑，牛顿却跑到外面研究风的力量。他一会顺着风跳，一会逆着风跳，看看落地距离有什么不同，然后根据距离来计算风的力量。他还用棱镜片把日光分解成不同颜色的光，以便研究各种颜色光的折射性。

牛顿后来成为了人类历史上最伟大的科学家之一。他在物理学、数学上都有划时代的贡献，他发现的三大运动定律、万有引力定律，奠定了经典物理学体系的基础和核心内容。他发明了微积分，奠定了近代高等数学的基础。他甚至发明了世界上第一架反射望远镜。做出这么多、这么大贡献的科学家，在人类历史上是极其罕见的。

牛顿为什么能做出如此巨大的贡献？这与他强烈的好奇心、想象力、独特的研究方法都密切相关。

通过长期的观察、实验和思考，牛顿形成了自己独特的研究方法：实验、归纳、创造。具体做法是：根据小范围内的观察和实验，归纳出经验定律或经验公式，然后不断用在更大范围内观察到的物理现象来验证和改进经验定律和经验公式，最后得到普遍的定律和公式。人们再依据这些定律和公式来创造性地改造自然。

科学研究并不神秘，就是用一套方法把观察到的现象和数据整理出秩序，牛顿采用的实验、归纳、创造就是这样的方法。

这种以归纳法为特色的研究方法，在科学史上曾经发挥了巨大的作用，许多学科的定律和公式，就是按这种方法发现的。

爱因斯坦：空间是弯曲的

在1915年前，科学家们在天文观测中发现：水星总不规规矩矩地绕太阳转一圈后回到起点，而总要比绕一圈多走一点才结束旅程，牛顿的万有引力定律解释不了这种奇怪的现象。

1915年，爱因斯坦提出了“广义相对论”，指出宇宙空间是弯曲的，而微观的基本粒子在空间中的运动也遵循这种弯曲的形式。这种惊世骇俗的理论让全世界的人都大吃一惊，但它却能解释水星奇怪的运动轨迹。

还有光的运动路线问题。信奉牛顿定律的人们认为：由于光不是由物质粒子构成的，因此光在真空中应当沿直线运动，不受引力的影响。但根据天文观测，光线经过太阳附近时，会从直路上发生偏斜，就好像光是由物质粒子构成的一样，会受到太阳引力的影响而发生弯曲。信奉牛顿定律的人们认为这种偏斜的程度不大，但爱因斯坦指出，光的偏斜将比人们认为的大两倍多 。

1919年5月，英国一支观测队在非洲和巴西拍摄了日食的照片，结果证明光在经过太阳附近时，从直线偏斜到几乎刚好是爱因斯坦所预见的程度。1922年的日食照片进一步证实了爱因斯坦的理论是正确的，这个观测结果轰动了全世界，爱因斯坦一举成名。

宇宙空间果真是弯曲的！牛顿定律解释不了的现象，爱因斯坦的相对论却可以解释，并得到了观测结果的证实。

探索性演绎法

爱因斯坦之所以能提出相对论，关键是因为他采用了新的研究方法。

随着科学研究范围的不断扩大，牛顿采用的研究方法渐渐显得不够用了。爱因斯坦认为：“适用于科学幼年时代以归纳为主的方法，正让位于探索性的演绎法。”这种探索性演绎法的具体过程是：由经验材料作为引导，提出一种思想体系，它一般是在逻辑上从少数几个叫做公理的基本假设建立起来的，其他定律或公式都是由这几个公理推导出来的。对这个体系的要求，是能把观察到的事实联结在一起，同时它还具有最大可能的简单性，即这体系所包含的彼此独立的假设或公理最少。

这种演绎推理的方法，其实我们在中学的欧几里得几何学中见到过。欧氏几何就是一种思想体系，它就是从很少的几条公理出发，采用逻辑推理的方法，推出一系列几何定理，这些定理能把观察到的几何现象联结在一起。那几条公理，就是前人根据经验事实而提出的基本假设。

思想体系是由概念、公理以及逻辑推理方法得到的定律这三部分内容构成的。

相对论思想体系的公理便只有两条，即相对性原理（任何自然定律对于一切匀速直线运动的观测系统都有相同的形式）和光速不变原理（对于所有惯性系，光在真空里总以确定的速度传播）。相对论的其他定律和公式都是用演绎推理的方法由这两条公理推导出来的，相对论思想体系的正确性最终得到了实际观测的证实。

想象力比知识更重要

应当怎样创立新的思想体系？爱因斯坦认为研究者的工作可分为两步，第一步是发现公理，第二步是用公理按逻辑推理的方法推出其他定律或公式。其中第一步最难，它没有一般的方法，常常需要科学家具有异乎寻常的想象力和直觉。所以爱因斯坦强调："想象力比知识更重要。"

爱因斯坦这种以演绎推理为特色的研究方法对当代高新科技研究产生了深远的影响，当今许多重大科技成果都是采用这种研究方法得到的。

在人文科学研究中，我国著名学者胡适曾经提出了"大胆假设，小心求证"的研究方法。具体做法是：首先去阅读与研究课题相关的资料和数据，发现问题或前人还没研究到、没有研究透的方面，然后发挥想象力和直觉的洞察力，大胆提出自己的初步假设，由于这个假设还没有得到验证，因而只能算"假设"。然后再进一步阅读和寻找资料和证据，看它们与假设是否相符。如果不相符，就调整和修改假设，再去验证。如此循环往复，最后得到可靠的结论。我国清代的"乾嘉学派"就采用了这种方法来考证古籍的真伪和研究汉字的变迁。

牛顿的方法侧重于归纳，爱因斯坦的方法侧重于演绎。在当今实际的研究中，往往两者并用。归纳中有演绎，演绎中有归纳，比如演绎的前提是公理，而公理就是根据经验归纳并加上想象力提出的。只要我们经常实际参与到课题研究中去，这两种方法就会逐渐掌握。

如果科学家采用的研究方法能普及到大众中去，成为大众研究的有力武器,那么发挥出来的智慧生产力将是惊人的。谁率先掌握了科学家的研究方法,谁就将在知识经济时代成为最有创造力的人。掌握了科学巨人的研究方法,你就将跃到巨人肩上,就可能成为比巨人站得更高的人,当然就可能获得比一般人更持久的创造力。

费马大定理是怎样被证明的？

> 知识不能单从经验中得出，必须从理智的发现和观察到的事实两者的比较中得出。
>
> ——爱因斯坦

费马大定理

1995 年，43 岁的英国数学家维尔斯证明了著名的"费马大定理"，轰动了世界，被认为是"20 世纪最重大的数学成就"。

"费马大定理"是法国数学家费马在 1637 年提出来的。费马是一位律师，但他业余酷爱研究数学和物理。1637 年，三十多岁的费马在读古希腊数学家丢番图的名著《算术》时，在书的空白处用拉丁文写道："任何一个数的立方，不能分成两个数的立方之和；任何一个数的四次方，不能分成两个数的四次方之和，一般来说，不可能将一个高于二次的幂分成两个同次的幂之和。我已发现了这个断语的美妙证法，可惜这里的空白地方太小，写不下。"他这里说的"任何一个数"，在当时是指正整数。

费马去世后，人们在整理他的遗物时发现了这段写在书眉上的话。1670 年，他的儿子发表了费马的这份页端笔记，人们才知道这段话。后来，人们就把这一论断称为"费马大定理"。用数学语言来表达就是：当整数 $n>2$ 时，方程 $x^n+y^n=z^n$ 没有正整数解。就是说，没有一组正整数 x,y,z 能满足上面的方程。

起初，数学家们想重新找到费马没有写出来的那个"美妙证法"，但是 300 多年过去了，谁也没有成功。著名数学家欧拉证明了方程 $x^3+y^3=z^3$ 和 $x^4+y^4=z^4$ 不可能有正整数解。但他无法证明 $n>4$ 的情况。后来不断有数学家参与证明，虽然不断地刷新着记录，如 1992 年有数学家证明了 $n=1000000$ 时，费马的论断仍然成立，但这不等于定理被证明了，因为对 $n>1000000$ 时的情况还不能肯定定理成立。费马大定理此时只能算是假设，或者猜想，还不能算定理。

维尔斯出生于英国牛津，他从小对费马大定理十分好奇，这条美妙的定理吸引他进入了数学世界。大学毕业后，他决心实现幼年的梦想——证明这个假设！他极其秘密地进行费马大定理的研究，守口如瓶，不透半点风声。

经过7年锲而不舍的艰苦努力，直到1993年6月23日。这天，英国剑桥大学牛顿数学研究所的大厅里正在进行例行的学术报告会。报告人维尔斯将他的研究成果作了长达两个半小时的发言。10点30分，在他结束报告时，他平静地宣布："因此，我证明了费马大定理。"这句话像一声惊雷，把在座的人惊呆了，大厅里鸦雀无声。半分钟后，雷鸣般的掌声似乎要掀翻大厅的屋顶，英国学者顾不得他们优雅的绅士风度，忘情地欢呼起来。

消息很快轰动了全世界。各种传媒纷纷报道，并称之为"世纪性的成就"，科学家们把这个成果推选为1993年世界科技十大成就之一。

可是不久，传媒又迅速地报出了一个"爆炸性"新闻：维尔斯的长达200页的论文送交审查时，却被发现证明有漏洞。

维尔斯在挫折面前没有止步，他用一年多时间修改论文，补正漏洞。这时他已是"为伊消得人憔悴"，但他仍然"衣带渐宽终不悔"。1994年9月，他重新写出一篇108页的论文，寄往美国。论文顺利通过审查，美国的《数学年刊》杂志于1995年5月发表了这篇论文。维尔斯因此获得了1995～1996年度的沃尔夫数学奖。

经过三百多年，几代数学家的不断努力，费马大定理终于被证明了！

假设：由特殊到一般

费马大定理的提出过程，说明了一种在研究中提出假设的方法：由特殊到一般。

费马首先发现：任何一个正整数的立方，不能分成两个正整数的立方之和；任何一个正整数的四次方，不能分成两个正整数的四次方之和。但这两种情况只是特殊情况，费马根据这两种特殊情况，提出了自己的假设：一般来说，不可能将一个高于二次的幂分成两个同次的幂之和。经过几代数学家的努力，最后终于用逻辑推理证明了这个一般性的假设，假设便成为定理。

一般来说，研究一个课题时，先要从观察或实验资料出发，经过整理和分析，便在研究者脑海中产生想象和概念，这时，思维会超越已有的经验向前推进（如费马超越 $n=3$ 或 4），对所研究的问题提出初步的推断（如费马提出的 $n>2$

的推断)，但这个推断还没有经过严格的证明或实践的检验，只能把它看作假设(或猜想)。如果以后经过严格证明或实践的检验，那么这个假设就上升为定律、法则或理论。如果假设无法证明或实践检验是错的，那就要用逐步逼近法，修改假设，再进行证明或实践检验。一直这样做下去，直到得到比较可靠的结论。

大胆假设

怎样提出假设是研究过程的一个关键。

除了费马这种从特殊到一般的方法外，提出假设还有以下几种方法：

◎ 对称、相似、类比。

人们都知道，大自然中充满了对称现象，有正面就有反面，有左就有右，有阳电就有阴电。人体简直处处是对称的：左手对右手、左眼对右眼、左耳对右耳，等等。中国文化特别讲究对称，整个北京城都是按对称的方法建成的。法国物理学家德布罗意受到对称现象的启发，在1924年提出了“实物波动性”的假设，他的思路是这样的：

(1) 大自然中充满了对称现象；

(2) 当今观察到的宇宙是由光与实物组成的；

(3) 既然光有粒子性和波动性，那么，与光对称的实物也应当与光相似，也有粒子性和波动性。

实物是由基本粒子构成的，这一般人都知道，但说实物还有波动性，可就是太大胆的假设了，难道实物中还有“实物波”？

德布罗意不但假设了实物有波，他还用类比法预言了实物波的波长！

在物理学中，光的波长λ和动量ρ之间有关系式：$\lambda=h/\rho$，其中h是普朗克常数。德布罗意假设：这个公式也将适用于实物。

德布罗意的大胆假设在物理学界掀起了轩然大波。这种在并无实验证据的条件下提出的假设使得物理学家们很难接受，甚至连德布罗意的导师朗之万也根本不相信这种假设。1927年，美国贝尔实验室的三位物理学家通过电子衍射实验，证实了电子确实具有波动性。至此，德布罗意的大胆假设成为定理，他也获得了普遍的赞赏，荣获了1929年的诺贝尔物理学奖。

◎ 移植。

移植即将某学科中的结果或方法移植到另一个学科中去。比如用种牛痘来预防天花，就是一个生动的例子。

种牛痘是英国医生琴纳发明的。琴纳出生于1749年，他从小生性温和，兴趣广泛，尤其热爱大自然。在学校他是优秀生，课余还喜欢收集多种动植物的标本来研究。琴纳青少年时期，天花正在整个欧洲蔓延，而且还被勘探者、探险家和殖民者传播到了美洲。在英国几乎每个人都会被传染上天花，在成年人的脸上或身上会留下难看的疤痕。成千上万的人由于病情严重而变成瞎子或疯子，每年死去的人更多。琴纳目睹这种灾难，13岁时就立下了将来当个医生以便根治这种疾病的志向。

琴纳当上医生后，发现牧场挤奶女工在患牛痘的母牛身上感染牛痘后，便不会染上天花。他想，把牛痘移植到人的身上是否能预防天花呢？经过二十多年的探索、研究，1796年5月的一天早晨，琴纳用清洁的柳叶刀在一个叫杰米的8岁孩子的两条胳膊上划破几道，接种上牛痘浆。后来证明，这是预防天花的有效途径，牛痘疫苗从此产生了。当今所有现代接种法都来源于琴纳的第一次伟大发现。从中我们可以看到：用移植的思路提出假设是多么神奇！

◎ 从分析数据中找出经验公式以待理论证明。

丹麦天文学家第谷长期用望远镜观测天文现象，积累了大量的天文观测资料。德国天文学家开普勒对这些资料进行了分析，提出了经验公式 $T^2=D^3$，即行星公转周期 T(以年为单位)的平方等于它与太阳距离 D(以太阳与地球距离为单位)的立方。后来这个经验公式得到证明，成为行星运动第三定律。这里的经验公式，就是一种假设。

◎ 分类。

对已经发现的对象按某些特征进行分类，从而找出规律以预见将来。

达尔文于1831年12月登上“贝格尔号”军舰进行环球考察。他每到一地，便跋山涉水，采集矿物和动植物标本，挖掘生物化石。在历时5年的环球考察中，达尔文积累了大量的资料。回国之后，他一面分类整理这些资料，一面查阅大量书籍。1859年11月，达尔文经过二十多年研究而写成的科学巨著《物种起源》终于出版了。在这部书里，达尔文旗帜鲜明地提出了“进化论”的思想，说明物种在环境变化的影响下处在不断变化之中，是一个由低级到高级、由简单到复杂的演变过程。达尔文之所以能提出“进化论”的伟大理论，重要原因就在于他善于将考察得来的大量资料进行分类，并从中发现规律性的东西。

分类必须按主要特征来分，没有抓住主要特征，不但不能揭示规律，反而会掩盖它们。

通常提出正确的假设不是一次完成的。第一次假设如果失败，就要分析失败的原因，以便提出第二次假设。相对可靠的假设就是这样逐步逼近的。得到可靠的假设往往要经过许多次的假设，还可能耗费很长的时间。比如地震发生的原因，就经历了许多种假说：断层说、岩浆冲击说、相变说、地球自转说、板块说，等等。虽然现在还没有发现地震形成的真正原因，但人类对地震的认识通过这些假说不断在深化，总有一天，人们会得到可靠的假说。

爱因斯坦说过："想象力比知识更重要。"在科学研究中，往往提出假设比逻辑推导还重要，重大的科学突破，往往是提出了超乎寻常的假设，比如相对论的两条基本假设——相对性原理和光速不变原理，就极为出人意料，没有超乎常人的想象力是无法提出来的。正是以这两条基本假设为基础，爱因斯坦推导出了整个相对论思想体系，物理学因此彻底改观。

不确定原理

在研究方法方面，除了牛顿和爱因斯坦分别形成了自己独特的研究方法外，培根、笛卡儿、康德、波普尔等科学家和哲学家也做过深入研究，给后来的年轻科学家提供了研究方法的指导。到了21世纪，许多科学家采用了更为实用和系统的研究方法：观察、设计实验、推演和解释。

随着科学研究范围的不断扩大，科学家们的眼光日益扩大到宏观的宇宙和深入到精微的微观世界，人们对科学研究方法的认识也越来越深刻。科学哲学家们发现：要证明一件事物为真几乎是不可能的——只能反过来建立合理的怀疑，怀疑它"不假"。

德国物理学家海森伯在1927年曾提出了量子力学的"不确定原理"。这个原理指出：一个微观粒子的某些物理量（如位置和动量，或方位角与动量矩，还有时间和能量等），不可能同时具有确定的数值，其中一个量越确定，另一个量的不确定程度就越大。测量一对共轭量的误差的乘积必然大于常数 $h/(2\pi)$（h 是普朗克常数）。海森伯在1927年发表的论文一开头就说："如果谁想要阐明'一个物体的位置'（例如一个电子的位置）这个短语的意义，那么他就要描述一个能够测量'电子位置'的实验，否则这个短语就根本没有意义。"这实际上是说：一个电子只能以一定的不确定性处于某一位置，同时也只能以一定的不确定性具有某一速度。可以把这些不确定性限制在最小的范围内，但不能等于零。这个原理反映了微观粒子运动的基本规律，是物理学中又一条重要原理。

“不确定原理”实际上指出了一切测量值都不可能绝对确定,只能大致(或相对)确定,而且一组测量值之间是相互影响的。稍微思考一下,这和我们的生活常识是一致的。当我们说一段绳子长一米时,绝不能肯定它就是绝对准确的一米,只能说它接近一米,因为尺子也不是绝对准确的,绳子和尺子的长度相互影响着对方的确定性。

既然一切测量都不可能绝对准确,那么通过实验得到的实验数据也不可能绝对准确,所以实验也不能证明你的假说是绝对正确的,实验只能对假说起到支撑作用——假说获得了实验某种程度的支持,那么这个假说相对更“不假”了,而不能肯定它一定为真,仅此而已。

现代科学研究的基础是“零假说”——用实验或推演来尽量证明某事物并非虚假。实验数据并不能证明假说的正确,而只能说明假说出错的可能性有多大,绝对正确的假说是无法用实验证明的,因而绝对正确的假说也是不存在的(为零)。

科学研究从某种意义上说就是尽量证明你的假说是错的(出错的可能性有多大),波普尔称之为“证伪”。如果假说出错的可能性越小,则假说越相对“不假”。所以一切被实验或实践证实的定律都只能是相对真理,它们只在一定范围或一定条件下成立,总有被证伪的那一天,科学因此而不断进步。哥白尼的日心说就把托勒密的地心说证伪了,爱因斯坦的相对论也把牛顿定律证伪了——牛顿定律在宏观宇宙和微观粒子世界里不再适用。

这也给我们重要的启示;宇宙中不存在绝对正确的理论或定律,所有理论或定律都是在一定范围内相对“不假”的。这使我们在宇宙面前永远保持谦卑的态度、永远保持不懈的探索精神。

理论指引人们从感觉印象推论出基本原理

许多科学研究都是建立在假说基础上的,但也有一些研究不需要先提出假说,只要有观察和描述也可以进行研究,但这些观察和描述必须来自于有逻辑性的深思熟虑,必须受到理论的指导。正像爱因斯坦指出的:“在原则上试图单靠可观察量来建立理论,那是完全错误的。实际上恰恰相反,是理论决定我们能够观察到的东西……只有理论,即只有关于自然规律的知识,才能使我们从感觉印象推论出基本原理。”

正因为如此,考古学家在考古学理论的指导下,很清楚该到哪里去挖掘,并大致知道他们想要发现的是什么,但又不能很准确地预见到他们会挖掘出什么。同样,流行病学研究或多重基因表达分析也不需要事先提出假说,但也往往会得到出人意料的发现,这充分表明了科学研究的魅力。

人们一般会把科学研究看作是一种有逻辑、有计划的活动,然而,大量科学发现却往往是令人惊讶和出人意料的,科学研究常常像艺术创作一样,需要想象力和发散性思维的发达,它们不仅不会削弱严密性、仔细观察和细致分析等在科学研究中的重要作用,还能发现许多令人惊奇的东西。

所以,还是爱因斯坦说得精彩:“想象力比知识更重要。”科学研究需要极为发达的想象力,这也是科学研究充满魅力的重要原因。想象力发达,不但是艺术家的特征,也是科学家的特征。人们在知识经济社会,越来越需要诗意地栖居。你要获得持续的创造力,就必须浑身充满了诗意的想象……

创造性学习：重新发现

把前辈科学家的重要发现重新发现一次，从中学会科学研究的方法，把教学的过程变为创造的过程。

——李清振

童年趣事

一位叫名叫王垠的清华大学博士生曾在网上谈到他的童年生活：

“我小时候住在父母执教的中学里。两间平房，门口有一小块地，妈妈在里面种了一些菜。我们一家三口虽然穷，但是过着宁静舒适的生活。我在这个地方一直住到上初中的时候。这些房屋记录着一位年幼科学家的探索和实验，直到它们被夷为平地。

妈妈拒绝让我养猫狗，她说凡是会拉屎的都不养——除了我。所以我小时候就喜欢与蚂蚁做伴。我总是试图用各种各样的办法去了解蚂蚁的生活习性。我可以一整天地观察我家屋檐下的蚂蚁来来去去。看见他们用触须碰一碰，然后各自分头走开，我就会想：它们到底说了些什么？我在想，能不能用一种方法解开蚂蚁语言的密码？

我从书中得知蚂蚁洞里有蚁后，她有很大的肚子。为了一睹芳容，我开始试图‘水漫金山’，把水往蚂蚁洞里灌。我有时一个下午就干这种事情，却没有一次成功看到蚁后。后来才知道蚂蚁是非常精明的下水道工程师，水大部分都渗到地底下去了。可是我不甘心，我开始试用别的办法。比如在洞口放一块糖。可是蚁后架子太大，终究不肯出来，让别人帮她送饭进去。

我还用活蚂蚁进行过心理实验。首先用破袜子摩擦塑料尺产生静电，然后把尺子放在一只正在行走的蚂蚁身后不远处。蚂蚁走不动了，我就开始推测它在想什么？它感觉到什么？它可能会觉得有外星人？但是由于尺子拿开以后，它若无其事继续走，我猜它只是有点纳闷，而不惊慌。但是反反复复几次之后，它明显有罢工的意思，似乎忘了自己要去干什么。后来我又发现蚂蚁被吸到塑料尺上之后会由于带上相同的电荷而被‘发射’出去，就像人间大炮一样。‘人间大炮’是日本电视剧《恐龙特急克塞号》里的一种可以把人当作炮弹发射的威力很大的电磁装置。

一点微小的发现，就可以引发我做大量的探索和实验。这就是我在那个年代的特点。虽然妈妈也逼着我练习毛笔书法、绘画，还多次获奖，但我不喜欢这些东西。我似乎生下来就是科学家，不是搞艺术的，不过也许只是妈妈的强迫让我对艺术反感而已。

物理是我最喜欢的，因为它让我了解到世界的奥秘。我一般开学前几天就会把物理书上的实验都挑出来，费尽辛苦地找到材料实践一番，心里美滋滋的，上学真是快乐！”

后来王垠考上了清华大学的研究生，开始了真正的研究。他在做完了一项课题研究后，恍然大悟：“我感觉到了什么叫做研究，这跟我小时候干的那些事情没有什么两样。你在身边发现一个问题，想知道为什么。然后你就想去获得解决这个问题的知识。你去看书，你去问专家，你和同学朋友讨论，你上网去搜索相关资料。如果没有发现答案，那么好啦，你就可以自己试图去发现为什么，这是最有趣的部分。知道了为什么，就想让这个东西有用处，对人们的生活产生好处。这就是研究。”

王垠的童年生活，简直就是一个小科学家的研究探索生活，这种生活为他后来的博士生涯奠定了研究方法的基础。特别是他在文中提到“我一般开学前几天就会把物理书上的实验都挑出来，费尽辛苦地找到材料实践一番，心里美滋滋的，上学真是快乐！”这些物理实验，都是前辈物理学家做过的，但他提前费尽辛苦找到材料重新做一遍，而且强烈地体验到了其中的乐趣，而且觉得“心里美滋滋的，上学真是快乐！”

重新发现：快乐之源

如今中国学生在沉重的应试教育压力下，普遍厌学。据北京教育科学研究院的调查，北京市的中学生 96％都厌学，甚至北京大学也有 30.4％的学生厌学。可以说，厌学已成为中国教育的长期痛点。

为什么王垠却感到“上学真是快乐”呢？

王垠的童年生活揭示了一个重要的教育原理：如同王垠把前辈科学家做过的实验再做一次，学校教学也应引导学生把前辈科学家发现的重要概念、定理、公式等知识重新发现一次，重要的实验重新做一次，使学生在这个重新发现的过程中，模仿并掌握前辈科学家的科学研究方法、实验方法、思维方法。这种重新发现的过程，本身就充满了乐趣，能让学生充分体验到科学探索的快乐，进而能从根本上解决学生的厌学问题。

大自然和人类社会充满了各种神奇和奥秘，科学探索过程充满了魅力，能激发出探索者极大的兴趣和乐趣，世界历史上许多著名的科学家，如牛顿、莱布尼茨等，因为痴迷科学研究竟然终身未婚，可见科学研究魅力之大。居里夫人说过："我一直沉醉于世界的优美之中，我所热爱的科学也不断增加它崭新的远景。我认定科学本身就具有伟大的美。一位从事研究工作的科学家，不仅是一个技术人员，而且是一个小孩，好像迷醉于神话故事一般，迷醉于大自然的景色。这种科学的魅力，就是使我能够终生在实验室里埋头工作的主要原因。"

采用前辈科学家的科学研究方法重新发现的过程，也是能培育出学生创造力的教学方法。

笔者曾听过北京四中高一的一节数学课，讲课的是数学教研组长杨老师。杨老师并没讲多少例题，而是用了大量时间组织学生讨论怎样定义"两条直线的夹角"，学生从各种角度提出了不同的定义。一般数学老师上课，会直接给出两条直线夹角的定义，然后讲怎样求出夹角的解题方法，不会去讨论夹角的定义。下课交流时，杨老师说：我上数学课，很少讲题，很多时间用来组织学生讨论基本概念。

这种注重追根溯源、多角度讨论基本概念的教学方法是和大多数数学教师的教法很不相同的，实际上是引导学生重新思考和发现"两条直线的夹角"的概念。一般数学教师特别看重解题技巧，对启发学生多角度思考基本概念并不重视，而定义正是数学思维的源头。这种教法是重解题之"术"，而不重数学思维方法之"道"，使得许多学生能解很难的题，但对数学思维到底是什么和数学思维的源流，并无深入理解。最典型的，就是中国式奥数训练，把解题之术，训练到了极致，致使中国中学生虽然在国际奥数比赛中频获世界冠军，但中国却很少出现有世界影响的数学家。

世界著名数学家、哈佛大学教授、菲尔兹奖获得者丘成桐说过：中国奥数获奖学生考试有能力，思维没能力。这说明，解题能力高，并不见得思维水平高，数学教学关键要提高学生的思维水平。对基本定义的重新思考是很重要的思维训练，基本定义就是基本概念，对重要的基本概念引导学生进行多角度的重新思考，是重新发现基本概念的过程，这对所有学科教学都是重要的启示。

李清振先生在《科学学习法》一书中指出：学习的重点应当是两方面，一是学会科学的学习法，即对前辈科学家发现的基本概念、重要定理、重要公式、重要实验等重新发现和重做一次，把学习过程变为模仿科学家和发明家的发现和创造过程，在这个过程中学会科学研究和发明创造的方法。二是学习科学知识所具有的共同逻辑结构。学会科学的学习法比学习共同逻辑结构更重要。前者能使人们掌握从事发现、发明、创造的方法，后者只是对已经发现了的知识进行梳理，找出共同的逻辑规律。

而我国基础教育的各门学科，却在应试教育体制的巨大压力下，反其道而行之，把大量时间花在让学生掌握知识点、解题技巧上，大量做重复的解题训练，严重摧残学生的创造力，而对追根寻源的演绎思维、重新发现基本概念、重要的定理、重要的公式、重新做重要的实验等过程性教学极其不重视，培养出大量只会考试的、高分低能的、缺乏持续自主创新能力的“考才”，严重阻碍未来中国梦的实现。

李清振先生在《科学学习法》一书中建议：从小学到大学，不管什么具体的科学知识，都要从具体问题出发，课本上的内容要与解决具体问题对应起来。这样就可以做到从“科学观察—发现问题—学习—理解—实践检验—实际运用”的良性循环。李清振先生在《科学学习法》中还提出了“创造性学习的四种能力”，系统地探讨了创造性学习的具体方法。不难发现，其核心正是我们前面强调的研究性学习。

把传统的学习方法，尽快转变为创造性的、研究性的学习法，先学科学方法，再从重新发现的过程中去学知识，这是中国各学科教育改革的当务之急，也是解决学生厌学的根本方法，更是各学科培育创造力的根本措施。

创造性课堂：全面的解放

要解放孩子的头脑、双手、脚、空间、时间……

——陶行知

自由、自主的课堂

在中国基础教育界，曾流传着一个“杜郎口奇迹”。“杜郎口中学课堂教学改革”如同一股突如其来的旋风，影响已经遍及山东全省甚至全国。全国各地来参观学习者络绎不绝，最多一天达到700余人。

杜郎口中学是山东省茌平县的一所乡镇初中，学校坐落在距县城23公里的杜郎口镇附近。这所学校原来教学质量很差，曾经连续10年在县里的考核都居倒数之列，如今却跃居前三名，被誉为具有“原生性、开创性，扎根本土”特色的农村教育改革先锋。

一位记者这样描述他的观感：

“杜郎口中学每一间教室的前、后及靠走廊一侧的三面都有黑板，学生桌椅也不是纵横摆放而是摆成6个方阵，每个方阵也就是一个学习小组。每个学习小组由班主任任命一名成绩优秀的学生担任小组长，负责管理全组，各学科教师根据月考情况任命本学科的学习小组长。上课伊始，部分学生拥到黑板前，先把自己的名字写在最上方，然后将上节课学习过的知识点一一写上，这叫‘爬黑板’。没有‘爬黑板’的学生在座位上自己读书，有个别学生蹲着在教室地板上书写。学生写完，老师开始提问，学生的回答普遍非常流利，声音都很响亮。特别是那些女生，说话的嗓门似乎个个都很大。面对众多来听课的老师，学生很自信，没有羞涩。或者说，学生们在课上已经能够做到对听课老师视而不见，尽管听课老师可能就在他的身边。历史老师抽背完学生，开始将教材中的问题分配给各学习小组。各小组派出成员将题写在黑板上，经过一番讨论，再将答案也写在黑板上。有些学生趁同学‘爬黑板’之际整理预习笔记，被老师严肃制止。题和答案都写在黑板上之后，老师组织学生交流。先由一位同学大声读题及答案，然后其他同学发表自己的看法，有赞同，有补充，也有表示不同意见。教师话不多，只是适时点拨一下，一节课就结束了。”

深圳一位教师参观后写下这样的观感：

“我进了初一(1)班教室，墙上挂的是学生的而不是什么伟人的相片，相片下是学生自己写的各种感想。我全程听完了一节英语公开课。学生从头到尾在表演，老师像指导学生演节目，完全不同于一般课堂模式。学生、老师完全没有患得患失的心态，感觉学生学习过程比较快乐。课堂氛围之轻松，令人羡慕。与一般公开课不同，杜郎口中学每一节课都是完全公开的，我感觉过程比较真实，几乎看不到预演的痕迹，比那些‘假课’好得多。

在校园里碰到几名在草地上排节目的同学，我问他们为什么不上课？她们说排节目就是课，我问不排节目的同学呢？她们说全班都在上朗读课，所以我们出来排节目。”

看到杜郎口中学这样上课，确实让人震惊，这还叫“课”吗？但深入一想，就觉得深有道理。难道“课”就非要有个固定的样子吗？教无定法，课也无定形。如今流行的“课”的样子，其实只是16～17世纪之间，捷克教育家夸美纽斯创立班级授课制后逐渐形成的。在出现班级授课制之前，“课”的样子是多种多样的。古希腊哲学家苏格拉底整天在雅典大街上向年轻人发问；柏拉图在“阿卡德米学园”里整天和学生散步、聊天、讨论、辩论；孔子带着他的几个得意门生周游列国，随时言传身教。孔子教学生的“六艺”——礼、乐、射、御、书、数，其中的射(射箭)、御(骑马)就不能在室内上课。我国传统的书院，师长与学生同吃同住，师生经常讨论、辩论。

不难发现，提问、聊天、讨论、辩论、对话、表演、演说、周游、射箭、骑马曾经都是“课”，而且这些课的教学效果还相当好。柏拉图创建的“阿卡德米学园”培养出了大批的人才，亚里士多德就是其中的佼佼者。更令人惊叹的是，亚里士多德不迷信权威，敢于质疑和超越自己的老师柏拉图，提出了“我爱我师，我更爱真理”的著名观点，成为西方文化创新的精神源头。孔子有弟子三千，其中杰出的人才有72人，这样高的成材率已经很惊人了。中国古人讲究“行万里路，读万卷书”，那万里之行，就是更重要的“课”。“课”本来就没什么固定形式，也不应该有固定形式，哪种形式效果最好、学生受益最多，就是好“课”——不管白猫黑猫，逮着老鼠就是好猫！

班级授课制将工业化的大规模标准化生产方式引入教育领域，大幅降低了教育的成本。这种上课形式的变革是建立在印刷术的基础之上的，是适应工业文明标准化流水线生产的,在当时是巨大的进步,大规模地、快速地普及了教育。在这种教育模式中,人们将 6~20 岁的青少年送入学校,以班级授课的形式教授一套预先设定的知识和技能,以便他们能适应将来工业化生产的需要。这种教育模式延续了三百多年,至今仍然是世界各国的主流教育模式。

在信息文明呼啸而来的今天,班级授课制受到根本性的冲击,一种新的上课模式——研究性学习正在崛起并快速发展。这种上课模式的关键在于把学习变成了研究,在课题的引导下,上课的形式可以多种多样,有向古代回归的趋势,是在网络条件下的更高层次的回归,提问、讨论、辩论、对话、聊天、表演、演说、动手、实践、游学等上课形式又回来了,教育形式又一次百花齐放了。

尽管杜郎口中学的课堂教学改革仍有不少待完善的地方,这种教学方法在教育界还有不少争议,其课堂教学改革的目标仍然是应对考试,课堂教学水平还有待提高,教师的指导作用还应大力加强,师资水平也有待提高……但杜郎口中学的课堂教学改革大方向是正确的,是符合信息文明发展大趋势的,更是以学生为本并符合人性的,其改革精神也是充满勇气和难能可贵的,只要能不断提升水平,相信能给中国基础教育改革提供更多有益的启示。

全面的解放

深圳教育科学研究所曾经在全市中小学做过一项学生心理状况调查,结果发现,中小学生最严重的心理问题是厌学,而且不论学习成绩好的还是学习成绩差的学生,或多或少,都有厌学情绪。2008 年春节期间,深圳一个住宅小区里,先后有两名初三男生跳楼自杀,原因都是"学习压力太大"。

北京一家教育科研机构 2006 年曾在全市中学做过一项调查,发现因为"学校好玩"和"喜欢读书"而上学的比例都很低:初中生占 10.7%,高中生只占 4.3%。这表明我们的基础教育正在一步步挫伤学生的学习兴趣。高中生还没进入大学,真正高水平的学习还没开始,便有近 96%的学生对上学和读书丧失了兴趣,这与知识经济时代必须终身学习的需要显得多么格格不入。我们的中小学能让学生越来越讨厌学习,真算得上教育"奇迹"了。

厌学的主要原因之一是我们的课堂很少让学生自主,更缺自由。看看大多数学校的课堂吧——学生正襟危坐、教师不许他们乱说乱动、师生之间很少互动、老师满堂灌、学生天天做大量习题到深夜、各种考试不断、考完还要排名次、周末和假期家长还逼着孩子上各种补习班,负担如此沉重、压力如此巨大、学习如此被动无趣，天真烂漫活泼好动的学生能喜欢吗？爱因斯坦说过：“负担过重，必然导致肤浅。”这种负担极重又被动的学习，极少有思考判断讨论体验的时间，必然导致思想上的肤浅。缺少独立思考和独立判断能力的学生能适应未来瞬息万变创新迭出的信息社会吗？

态度决定一切，学生对上课感到很枯燥很厌烦很压抑很被动很累，怎么可能学好？

难道课堂就不能充满乐趣、充满活力、充满主动、充满自由、充满探索、充满思想碰撞、充满动手操作、充满吸引力，成为学生最向往的创造的乐园吗？

教育家陶行知强调教育“要解放孩子的头脑、双手、脚、空间、时间，使他们得到充分自由的生活，从自由的生活中得到真正的教育”。杜郎口中学直接在课堂上全面解放学生，让学生在课堂上充分自由地展现自己的个性和思想，积极又随意地参与课堂各种活动，学生真正成了课堂的主人，课堂成了学生的乐园和表演舞台，教室成了自由快乐空间，老师成为导演和导师，面对这样的课堂，学生岂不天天盼着来上课？这样的课堂才最有趣、最有益、也更有效，面对这样的学习，学生还会走神、睡觉、厌学、跳楼吗？

鲁迅认为，对儿童的教育主要是“理解、指导、解放”。蔡元培认为：“教育是帮助被教育的人，给他能发展自己的能力，完成他的人格，于人类文化上能尽一分子的责任，不是把被教育的人造成一种特别的器具，给抱有他种目的的人去应用”，其原则是“展个性，尚自然”。蒋梦麟认为，教育的产出是造就“活泼的个人，能改良社会的个人，能生产的个人”。这些大师，都一致地强调“解放”“展个性、尚自然”“活泼的个人”，这启发我们，现代教育的本质就是“解放”，而且是彻底和全面的解放，教育就是促使学生自我解放的艺术。

当今的知识经济时代，人最需要智慧，而宽容、自由、闲暇才能出智慧，自由和闲暇就是人充分解放和自主的状态。古今中外无数事实也证明了，人只有在自由解放和自主的状态下，才能获得智慧，才能有创造能力。

当今教育改革的方向就是解放，解放了的学生和老师，一定会创造出教育奇迹，杜郎口中学就是一个成功的例子。

利用电脑来研究

珠海六中曾开展了电脑网络教学实验，给人很多启发。

珠海六中是海边上的一所渔村中学，这所学校生源较差，高考多年都是“剃光头”的，是典型的“薄弱学校”。学校在华南师范大学未来教育研究所的帮助下，开展了电脑网络教学实验。学校在极其艰苦的条件下起步，想尽办法筹集了几十万元买来第一批电脑，经过几年的探索，他们已形成了一套较为成功的电脑网络教学方法。

在高一的数学课上，老师大胆改革了课程体系和教学方法。老师第一堂课发给学生一个“任务单”，上面开列着本次课要完成的各项任务、完成任务的要求、相关网络资源提示、讨论题、练习题，然后老师花几分钟略讲了一下注意事项，便让学生自己在网上查找完成这些任务的相关资料。学生将这些资料消化整理，并提出自己不懂的问题。同学之间可以讨论、互相帮助，如果问题在讨论中已解决，则在问题单中划掉。最后，剩下几个全班大多数同学都不懂的问题，老师便在下次课中引导学生从网上查找解决办法。找不到或仍不懂时，老师再重点讲解，之后让学生在电脑上做练习并互相批改，并将批改结果发到教师端的主机中。教师从中发现普遍存在的问题，发回学生机中让学生设法利用网络来解决。下次课再引导学生从网上查找解决办法，找不到时，再重点讲解……

老师在“任务单”上开列了涉及一个单元的任务，原来一个单元要 4 节课以上才能完成，但他们只用了 2 节课。最有特色的是，他们让学生参与老师备课，老师只提出单元提纲框图，让学生在网上搜寻相关资源，搜寻整理资源的过程就是一个学习的过程。在上课时，学生一直在问题引导下进行探索，并和老师、网络有充分的交流，老师讲得很少，但最后学生掌握得相当好。整个过程课堂气氛极好，学生兴趣盎然，他们提出问题、解决问题、利用网络搜寻信息和讨论协作的能力都得到了锻炼，课堂成了活泼的基于网络的研究室。据介绍，网络班的学生成绩普遍比普通班要好，而且学习的兴趣、主动性、搜寻整理利用信息的能力明显比普通班好。

这种充分利用电脑网络让学生主动进行研究性学习的方法，代表了信息文明背景下的教育改革方向。如今美国刚出现的小微学校，教学方法与珠海六中的方法大致相近。

如果把杜郎口中学的改革与珠海六中利用电脑网络的研究性学习结合起来，效果可能更好。比尔·盖茨认为，在飞速发展的信息社会，“教育将被彻底改变，并且被改得面目全非”。从杜郎口中学和珠海六中的改革中，我们似乎看到了那“面目全非”的样子……

在信息文明飞速发展的时代，在旧的工业文明中领先的城市重点学校不见得还有优势，谁最先顺应了信息文明的发展趋势，谁最先彻底改变了观念并掌握了适合信息文明的教学方法，谁就会成为新时代的先锋和典范。

德国中学的历史课

著名作家龙应台曾经在《德国人怎样上历史课?》一文中介绍了德国中学是怎样上历史课的：

“如果这一课是1870年的普法战争，那么老师会在上课前要求学生读很多第一手资料，比如俾斯麦首相的演讲原文，要学生从演讲稿中探讨当时普鲁士的外交策略，从而分析普法战争的真正原因。除了德国观点，学生还必须知道法国观点，老师可能用电脑放映图片，反映当时法文报纸上的时事讽刺画、评论或者画家笔下的巴黎街头。分析战争本身时，老师可能出示一张1870年普鲁士的经济发展指标图，用来解释当时的‘新科技’——比如铁路的广泛使用和新制大炮的威力，它们是如何使普鲁士在战场上占了上风。

也就是说，在整个讲课的过程中，教科书非但不是唯一的教材，而且也不是核心的教材，甚至可能根本没用到。

第二个特征是开放式的教学。教学的主轴不是让学生去背诵任何已经写进某本书里的叙述或评价，而是要学生尽量从第一手资料里看出端倪，形成自己的判断。如果这一堂课的主题是纳粹，学生可能必须去读当时的报纸、希特勒的演讲、工会的会议记录、专栏作家的评论、纪录片，等等，然后在课堂里辩论——纳粹的兴起，究竟是日耳曼的民族性所致，还是《凡尔赛和约》结下的恶果？或者是经济不景气的必然？各种因素都被提出来讨论。至于结论，学生要通过资料的分析和课堂的辩论自己来下。

满头卷发的卢卡斯说：‘我们那时就读了托马斯·曼的哥哥亨利希·曼的《臣仆》，因为他就认为德国人有惯性的服从性格。我们在课堂上就此辩论了很久。’

如果主题是1848年的欧洲革命，学生必须从经济、社会和政治的不同层面分析革命的起因，然后还要试图去评价这场革命的后果——这究竟是一场失败的革命，如法国的托克维尔所说，‘社会顿时撕裂成两半：羡妒的无产阶级和恐惧的有产阶级’；或是一场成功的革命，因为20年后，德国和意大利都统一了，而法国扩大了选举权，俄罗斯废除了农奴制。事情的是与非，人物的忠与奸，往往没有定论。学生必须自己从各种资料的阅读里学习梳理出自己的看法。

‘我们还常常要做报告。’刚刚从香港来的汉娜说，‘一个人讲45分钟，等于

教一堂课。’

‘你记得讲过什么题目？’

‘当然记得。’她说，‘因为要做很多准备。我讲过英国的殖民主义。’

在这样的历史教学方式里，教科书的地位，只不过是一个基本的参考读物而已。在众多一手和二手的资料中，包括演讲、漫画、照片、统计图表、新闻报道和学者评论、人物日记、法庭记录，等等，教科书只是一个指引，不具任何一锤定音的权威。

开放式的历史教学，着重在训练学生搜集和运用材料的能力，尤其是培养学生面对纷杂的史料做出独立思考和独立判断的能力。教科书充其量只是路边一个小小指路牌，不是烫了金的《圣经》。

至于考试，他们解释，也不会以教科书为准，而是开放式的题目，都是要你写文章回答的，譬如，‘试分析魏玛共和国失败的原因’。测验的是一种融会贯通的独立见解，教科书根本没有标准答案，也不可依赖。”

不难发现，这是非常典型的以思维为本的研究性学习，在问题和项目引导下，教材只是研究的参考资料之一，并无绝对正确的标准答案地位，学生需要自己去寻找和阅读大量的第一手资料，并通过讨论和分析得出自己的结论，课堂完全变成了研究室或演讲厅，这是最适应信息社会的以思维为本的研究性学习方法，能培养出学生独立思考独立判断能力，以及综合运用信息的能力，在这个过程中，学生也会变得知识渊博，而且那些知识都是学生自己找来并运用过的。通过这种方式掌握的知识能不变成创造性的本领吗？

美国大学的“讨论班”

留美学者薛涌曾经写了一篇文章介绍了美国大学里流行的“讨论班”的上课方法。

在讨论班上，老师只是导演，想尽办法激发学生参与讨论。同学之间的竞争非常激烈，争先表现自己的智慧。你讲不出有意思的话，马上就被撂到一边，成为无足轻重的人物。薛涌写道：

“从讨论班出来的学生，到了社会上，马上知道自己能干什么、能够贡献什么别人没有的东西。因为他每天上课就是演习这些技能……在中国读书，总担心自己没有学问、‘不懂’。在美国读书，总担心自己没有思想，没有激发人的能力。在那里一年下来，你发现学到的死知识似乎有限，但整个环境，都在逼着你创造、冒险，走别人没有走的路径。所以，在这种环境下出来，个人的进取精神必须非常强才行。

人家的大学，实际上是一种文化。这种文化，不在乎你知道什么，但刺激你一刻不停地进取、思考、表达、创造，不论捡起什么都能闹出一番动静来。这是现代社会的精神，也是现代大学的精神。这种精神，和我们从小背书的传统是相反的，对当今中国大学中的整个既得利益集团都是一个挑战。如果找不到这种精神，中国就不会有一流大学，也很难成为一个世界大国。”

从上述中外几个例子中，不难发现怎样把课堂变成创造的乐园：教师想方设法让学生在课堂上彻底解放，让学生成为课堂的主角，让课堂成为展示学生风采的舞台。让学生在课题或项目引导下预习、上网或去图书馆查询和阅读资料，然后在课堂上提问、思考、讨论、辩论、表演、做报告、备课、练习、改作业……老师当导演，把学生导向自主合作研究，导向有独立思考和独立判断能力、有自主创新能力的人。

创客：玩、思、做、学、研合一

> 教、学、做合一。
>
> ——陶行知

创客与创客空间

近些年，随着全世界对创造性人才的强烈需求，创客在各国大量涌现。

"创客"，源于英文"Maker"，即通过动手将与众不同的创意做成物品的人。创客是拥有奇思妙想的创意思维、喜欢动手制作、善于合作、乐于分享的一群人。

如今世界各国如雨后春笋般涌现出许多创客空间。创客空间是指具有头脑风暴、加工车间、演讲分享功能的开放实验室。创客们在创客空间里相互激发创意、共同动手制作、共享各种工具和资源、分享心得体会、得到同伴指导、最终做出创意产品。

创客空间起源于一个叫 C-base 的组织。它是一个设在德国柏林的非营利性协会，成立于 1995 年，目前约有几百名成员。该协会的目的是提升大众计算机软件、硬件和数据网络的知识和技能。

C-base 会在节假日举办活动，比如，在儿童节给小朋友介绍机器人或计算机辅助设计等，有时也会为柏林附近的其他团体活动提供支持。

C-base 是世界上第一个独立的 Hackerspace(黑客空间)，因为它不隶属于任何学校或企业。2005 年《MAKE》杂志创刊，Makerspace(创客空间)这个词开始出现。2011 年初，这个词才流传开来。目前世界各国的创客空间正在快速增长。Makerspace 指的是人人皆可用来设计和工作的地方。Hackerspace 以改装硬件、制作电子零件和设计程序为主，而 Makerspace 则能够满足实现各种创意的渴望。创客空间免费开放给业余爱好者和专业人士使用，一视同仁。

中国第一个创客空间是上海的新车间，成立于 2010 年 10 月 1 日，是一个非盈利的组织，大家可以在其中一间制作有趣的项目。

新车间的使命是支持、创建并推广物理计算、开源硬件和物联网。新车间举办讲座、研讨、项目、初创推广、工作坊、竞赛,同时也会参与国际竞赛。此外,新车间已成为一个融资和管理平台,支持人们制作自己的作品和项目。

中国的创客空间近年也在快速发展,并形成了北京、上海、深圳三足鼎立之势。

2015 年 1 月 4 日,李克强总理来到深圳华侨城,与“柴火创客空间”的小伙伴们共话创新创意,并提出了“大众创业,万众创新”的号召,如今全国的创客活动正如火如荼,创新创造之风,迅速吹遍了全国。

跟着外公当创客

2009 年 11 月,美国著名的科技网站《连线》的执行主编、长尾理论的发明人、《创客:新工业革命》一书的作者克里斯 · 安德森宣布:将辞去《连线》主编职位,去一家机器人公司担任 CEO,专注于开源项目以及机器人制造。对此他解释道:“对我而言,这是一次追求创业梦想的机会,《连线》的使命是影响和记录数字革命,这种使命将会继续延续和扩展。”

在《创客:新工业革命》的第一章中,克里斯 · 安德森回忆起他的外公,白天在公司里担任机械工程师,但是“到了晚上,他就变身成发明家。他在脑海中构思各种机器,画出草图和机械图,然后制作出原始的模型。还把家里的车库变成了工作室,逐渐配备了各种发明所需的工具:一台钻床、一台锉锯机、一台曲线锯、几台砂轮机,还有最重要的就是一台全尺寸的技术车床。”

这位爱动手制作的老人家最得意的发明是一个解决自家草坪浇水问题的小装置:“辅助阀门顺序运行系统”,这是一个自动喷灌系统,可以用电子钟来控制水阀的开关。

老人家动手制作的目的,是不是为了商业化,用自己的发明赚很多钱呢?

看起来不是。他每天都在折腾各种小制作,堆满了自家的小车库。老人家乐此不疲地不断改造它们,并且不停地想做出点新东西来,仅仅是为了好玩。

克里斯 · 安德森回忆起他幼时在外公家度过一个暑假的经历,在外公的小工作室里他跟着外公动手动脑,度过了许多欢乐的时光:

“有一年春天,外公跟我说我们要一起制作一个四冲程发动机。那年夏天,我到洛杉矶时,一个大大的箱子早已等在外公的小工作室里。我之前已经做过了一些模型,这次依然兴奋地打开箱子,想着里面都是已经编好号码的零件,外加配套的组装说明。可是箱子里只有三个大大的金属块、一个粗糙的发动机外壳、一份折叠起来的图纸。

'零件在哪儿?'

外公指着那几个金属块说:'就在那儿啊。我们得自己动手。'

于是,整个夏天我们都专心于此。我们按照图纸切割、钻孔、打磨、翻转那些金属块,制作曲轴、活塞、连杆、轴承,还有活门,就像是艺术家把一块大理石悉心雕琢成塑像。看着从车床上车下的铁屑在我脚下越堆越高,我不禁感叹工具和外公灵巧双手的神奇伟大。我们用一大堆金属制作出了一台精密的仪器,工作室简直就是一家无所不能的小型工厂。"

暑假结束时,一个小学生,已经从外公那儿学会了各种机械工具和车床锯床的使用方法,还懂得了什么是"四冲程发动机",什么是曲轴、活塞、连杆和轴承,并且制作出了一台可以把汽油灌进去、发动起来以后能带着汽车跑起来的"四冲程发动机"!

童年的影响

自己制造发动机,有这个必要吗?为什么不直接买一台?为什么要自己动手做?外公并不缺少买一台新发动机的钱啊。作者感到外公除了希望和自己的外孙度过一个难忘的假期以外,还希望把这种动手制作的爱好和一些机械学知识一并教给外孙。这些机械学知识不是应该在大学里才学到的吗?这些知识对小孩子来说是不是太难了?小孩子学了这些有什么用?

要知道,这个小孩子长大以后的职业是《连线》杂志的记者,是一个纯文科生,而不是一个机械工程师,他这辈子都用不到自己动手制作一台发动机这个技能。

试想,如果克里斯·安德森没有小时候受到的这些工程学熏陶,亲身参加那些类似"制作一台四冲程发动机"的项目,接受"动手解决问题"的训练,他不可能深入了解到制造业的精髓,从而敏锐地意识到工业社会即将到来的巨大转折,也写不出《长尾理论》《免费》《创客:新工业革命》等有巨大影响力的著作。

试想,如果克里斯·安德森长大后没有成为一个记者,而是进入一所工科院校学习并成为一个机械工程师,他可以自豪地告诉自己:大学里这些基础科目,我还是小学生的时候就动手实践过了,我可以闭着眼告诉同学"什么是四冲程发动机"。

试想,如果作者成为一个记者以后,在面对那些完全陌生的互联网知识和电子商务知识时,他已经掌握了可以迅速学会新知识的能力,将会对他的记者生涯产生多大的帮助? 在 1999 年的时候,他就采访了初创阿里巴巴不久的马云,他可以马上理解马云创建电子商务系统的未来,很早地把阿里巴巴介绍给了他的读者,而不是像当时的大多数人一样持有怀疑的态度。

独占鳌头

从克里斯·安德森的经历,我们可以发现,他小时候从外公那里学到的动手制作的创客活动过程,对他的人生和职业产生了多么巨大和积极的影响。

他从这段童年创客活动里获得的远不止知识和体验,他收获了自信心,免除了对未知知识领域的恐惧,在他长大以后再遇到类似技术这样棘手问题的时候,他可以从容地告诉自己:这个东西不难,我可以很快学会,我做过类似这样的东西。他拥有跨学科思考的能力,使得他成为一个出色的科技媒体记者。他对互联网经济、制造业改革等前沿问题有一系列独到的看法,被誉为“信息时代的精神领袖”,帮助《连线》杂志独占了科技媒体的鳌头,产生了广泛的影响。

如今,创客空间在全世界迅速发展,各国的创客空间聚集了众多的各类创客,少年创客也越来越多。创客教育能不能和克里斯·安德森的外公一样,为创客们带来奇思妙想、创造的体验、跨学科的知识、创意产品呢?

《溺水 SOS》

创客活动,是创造性、体验式、协作型、项目式、做中学的过程,是培育创造力的极好方式。

深圳市第二高级中学的小创客们在 2015 年深圳创客周期间参加了“QQ 物联硬创马拉松比赛”,他们制作的《溺水 SOS》产品获得了特等奖,受到评委们一致赞扬。

回顾一下参赛过程,可看出小创客们是如何制作出创意产品的。

根据赛事规则,需要从编程、3D 打印、商业规划、演说能力等方面去挑选合适的参赛队员。根据要求,导师从深圳市第二高级中学创客团队中挑选了 3 名同学参加比赛。

导师带领同学们首先开展头脑风暴:制作一个什么样的创意产品来参赛?

导师组织同学们自由讨论，充分发散思维，并画出思维导图。历经 3 个多小时的反复讨论，同学们先后想到了智能冰箱、智能开锁、智能照明、智能交通、儿童安全等多个领域。

一位同学曾从电视新闻中看到：深圳每年在 6 月盛夏，常有儿童在游泳池里溺亡，即使救生员就在旁边，溺水仍时有发生，他建议大家设法解决这个难题。同学们最后一致决定，制作一款溺水智能报警设备，取名《溺水 SOS》

大家在制作前，首先提出一系列问题，层层深入思考：为什么儿童在游泳池溺水时会发现不了？溺水瞬间人的生理体征会发生什么变化？溺水时会有什么动作？用何种方式去检测最理想？要做成什么样的检测仪器最方便？怎样把检测信号发出并显示出来？大家深入讨论，分工协作，共同寻找这些问题的解决方案。

同学们利用百度等搜索引擎寻找出大量相关资料。大家发现游泳者在正常游泳和溺水时在生理上、心理上及动作上都差别很大，该检测哪项指标成了讨论的焦点。大家发现：在正常游泳时，肌肉是有规律用力的，而溺水挣扎时却是不规律的。根据大量数据及研究发现，肌电传感器是一款可以检测肌肉用力情况的设备，应该可以用来检测溺水状况。于是大家便尝试通过肌电传感器来检测，并将溺水时的数据与正常游泳者的数据进行比较。

同学们充分发挥想象力，提出了这样的设想：《溺水 SOS》将是通过 Arduino 开源硬件开发的一种智能臂带，通过测量游泳者手臂的肌电数据变化来判断游泳者是否溺水。如果游泳者发生溺水，游泳者会乱抓乱蹬，这时手臂的肌电数据会发生变化，“溺水 SOS”智能臂带便会检测到这一状态并发生震动，同时把信号发出去，救生员手上戴的“溺水 SOS”手环便会发生震动，游泳馆的电子大屏幕会同时显示并播放“泳池内可能有人溺水，请大家互相关注，互相帮助。”当游泳者在泳池中发生抽筋的时候只要双击臂带上的按钮，信号就能发到救生员手环上，救生员会第一时间实施救助。

然后大家再思考制作这个作品将会用到什么技术？导师此时引导同学们从技术上分析并开展可行性研究，思考如何利用新工艺新技术，怎样用创新的方式去解决问题。导师只需引导，解决问题的方法让同学们自己去发现。导师只要指出方向并充分信任同学的能力，鼓励他们大胆创新就够了。

同学们的潜能不可小看，针对层出不穷的难题，只要大家协同合作，总能找到解决方案。鏖战了两天，从购买材料到设计制作出“溺水 SOS”原型，其间陆续解决了检测、算法等难题，最后终于圆满地制作出了《溺水 SOS》产品。产品以浓郁的人文关怀、极富创意的解决方案、广阔的市场前景获得了比赛特等奖。

虽然在两天里仍然做了许多无用功，走了很多弯路，但同学们也因此在研究制作过程中学到了很多课堂之外的多学科知识，积累了许多实践和动手的经验。

上述过程，就是一个典型的基于造物的综合性的学习过程。通过这个过程，同学们的综合能力、创造能力都得到了显著提高。

创客学习法

前面介绍的创客马拉松比赛是创客时代重要的学习方式之一。在创客空间定期举办此类活动，能激发学生兴趣和主动性，保持学生好奇心，培养他们的动手能力，以赛促学，实现了跨学科的综合性学习。学生们在制作项目时合作探究、自主学习、主动分享，将竞争变成了合作。创客马拉松比赛的学习方式让学生真正实现了玩中学、思中做、做中思、做中研，培养了学生手脑结合的综合素养。

创客时代已经迅速来临，传统的学习方式必须顺应时代发展的要求，进行彻底的改变。我国教育部发布的《基础教育课程改革纲要（试行）》提出了转变学生学习方式的号召，要求学生在教师指导下主动地、个性化地学习，让学生学习产生实质性的变化，提倡自主、探索与合作的学习方式，逐步改变以教师为中心、以课堂为中心和以书本为中心的局面，促进学生创新意识与实践能力的发展。创客学习法是对这项要求的全面落实。

在创客活动中，创客们以极大的兴趣全身心投入到实践当中，专心致志于自己的创意和创造。这要求教师真正以学生为本，引导学生善于发现和提出问题、学会分析和解决问题、学会合作、学会表达、学会集体思考。教师要营造有利于学生好玩、自由、宽松的创造性环境和氛围，使学生在主动参与、乐于探索、勇于冒险、勤于思考、善于合作、共同分享、动手创造的氛围中学习，实现了陶行知先生倡导的教、学、做合一，并有进一步的提升，不但解决了学生的厌学问题，还实现了玩、思、做、学、研五合一，必将全面地推进教育的整体改革。

以思维为本

创客活动经常需要发散思维、逆向思维、独立思考、批判性思维、集体思考。

创客活动都是首先从头脑风暴开始，头脑风暴是典型的发散思维。经常开展头脑风暴，能激发创意，提升兴趣，保持好奇心，相互启发。

创客们还经常尝试用与常人相反的方式进行思考，这就是人们常说的逆向思维。逆向思维能够“不走寻常路”，打破陈规，打破条条框框，在别人认为不可能的地方或别人意想不到的方面有所突破，发挥出出人意料的创造力。三国时期，诸葛亮所用的“空城计”，就是利用逆向思维的典范。诸葛亮利用了司马懿一向认为他是不会冒险的想法，反其道而行之，面对敌军，在一座空城上弹琴，冒了最大的风险，反而安然脱险。

创客活动需要独立思考能力，善于批判质疑，发现事物存在的缺陷和不足，这种素养是中国许多学生很欠缺的。在“知识爆炸”的信息时代，学会独立思考和独立判断比获得知识更重要。在创客活动中经常用到的“六顶思考帽”“思维导图”“批判性思维”等思维方法，都是提高思考能力的有力工具，经常参加创客活动，思维能力必然会迅速提升。

不难发现，越会思考的学生，求知欲望就越强，终身学习的能力也越强，创造力则更强，考试成绩也会更好。思维一通则百通，在先进的思考方法驱动下不断做中学，使人能与时俱进，永远不会被社会淘汰。这种以思维为本的创客活动，能给其他学科的学习提供有益的启示。

“玩、思、做、学、研”合一

“知行合一”由明代哲学家王阳明首次提出。他认为“知行合一”不是一般的认识和实践的关系，强调知中有行，行中有知，以知为行，知决定行。我国近代教育家陶行知主张“教学做合一”，认为教、学、做是一件事，而不是三件事，做是教和学的中心，行比知更优先，行是知之始，知是行之成。“教学做合一”是对“知行合一”的发展和提升。

在创客时代，“玩、思、做、学、研合一”更适合当代社会的要求。

为什么中国的学生总感到学习是一种负担，总感到学习过程缺少快乐？中国人的衣食住行已经逐渐现代化，教育硬件设备也在不断更新，而教学方法却依旧多年不变。大多数学校教学还主要采用灌输式的教学方法，老师满堂灌，学生被动跟着转，课余学生要做大量重复训练的习题，学生很难有兴趣，学用更是难以结合，导致学生不会分析问题、解决问题，独立思考能力、创造能力普遍低下，高分低能现象越来越严重。

孩子天生喜欢玩,学习完全可以采用玩的方式,即在玩中学。通过“玩”来激发学生的兴趣和求知的动力、促使学生主动获取知识、提高动手操作和协作的能力,使学生在“玩”的过程中自由、快乐地学习和探索,在这种玩的氛围里主动地、有趣地、手脑结合地、体验式地、项目式地学习,才可能培育出创造力。

著名心理学家让·皮亚杰(Jean Piaget)提出了游戏理论。皮亚杰主张:“在教学中必须重视学生的活动和动作,要旨是把活动原则实施于教学过程,让学生主动探索外物,通过活动及其协调,逐步形成、发展、丰富自己的认知结构,重新创造发明和理解事物。”他认为只有通过在学习活动中“玩”,才能使学生多方面的个性和潜能得到充分发展。他还提出了他的活动教学理论,力图把“知和行”统一起来,就是要从“玩中学”,提倡把“玩”的原则实施于教学过程中。皮亚杰这一理论广泛应用于学前教育,但同样可以迁移到中小学教育。

“玩中学”并非单纯的玩。教师要彻底改变传统的以传授为主的教学模式,指导学生找到玩中学的方法,让学生在学习时像玩游戏一样因为快乐而专注、兴奋,在“玩”的过程中快乐学习。

原贵州大学校长郑强曾指出:中国人很难获得诺贝尔科学奖的原因之一是“玩得太少了”。中国教育必须高度重视玩,给教师和学生更多玩的时间,营造更多玩的氛围,这样才有可能培育出有创造力的学生和老师。创客活动就应以好玩为基础,学生们都以好玩的心态来主动参加创客活动,教师也应努力营造好玩、有趣的创客活动氛围。

思中做、做中思:在实践和创造之前,首先思考,思考问题的性质、价值意义、如何践行等。遇到问题,不是盲目地进行尝试,而是经过一番深思熟虑,再有计划地开展活动。就像深圳市第二高级中学的创客们制作的《溺水 SOS》产品,先思考制作一个什么样的创意产品来参赛?制作这个作品涉及哪些技术?引导学生带着问题去动手,边思考边做,在反复实践中思考,脑与手相互促进。解决了问题或完成了项目后,还要对整个创造过程进行思考总结,发现其中的优点与不足,以便优化将来的创造活动。

学习与思考也必须密切结合。谈及学与思,很自然地想到中国古代思想家孔子的“学而不思则罔,思而不学则殆”。孔子一方面强调思考需以前人积淀的知识为基础,即“吾尝终日不食,终夜不寝,以思,无益,不如学也”,也就是说明了思从学中来,无思则学。另一方面,“博学而笃志,切问而近思”,强调在接受和吸收他人知识的基础上,恳切地提问并联系实际进行思考。

“思”“做”“学”三者密不可分。“学”与“思”互为前提,“思”是“做”的导向,

“做”则是“思”的实践支撑和结果。只有将“思”“做”“学”密切结合,教育效果才最好,学生才会有创造力。

在思、做、学的基础上,还要进一步提升到“研”。研即系统地研究,“研”的过程就是应用科学研究的方法来解决问题的过程。当今社会更需要的是学生用科学方法来解决问题的能力,因此必须通过研究过程来培养学生的科学精神和研究能力。

“做”与“研”两者存在区别,做不一定研,但研一定会做。换言之,做不包含研,研却包含了做。学生走出学校,进入社会中调查、体验、实践,将知识和体验、学习与实践结合,在“做”中不断深究。研贵在求真、求新和求深。“研”关键在于引导学生掌握科学研究和创造发明的方法,正像钱学森提出的“按科学发明创造的方法来办学”,各类学校更应以科学发明创造的方法来教学,学生掌握了科学研究和发明创造的方法,才会有持续的创造能力。从目前来看,真正能“做中研”的学生还寥寥无几,大多是“浅尝辄止”,还达不到研究的高度,因此,创客活动,必须向“研”的方向不断努力。

当今中国“大众创业,万众创新”的呼声越来越高,创新、创造成为时代的主旋律,在这种背景下,中国教育应当把学习方式的创新摆在第一位,以研究性学习方法应对时代的需求,通过创客活动的示范,在各学科中努力实现“玩、思、做、学、研合一”,中国就必将涌现出大批创造性人才。

新型学校：回答乔布斯之问

> 为什么计算机改变了几乎所有领域，却唯独对学校教育的影响小得可怜？
>
> ——乔布斯

对于当今教育，大多数人都很不满意。不仅中国大众不满意，全世界几乎所有国家的人民都不满意自己国家的教育，教育难以培养出人格健全、有自主创新能力、和谐发展的学生，难以应对瞬息万变的当今世界，已是世界各国政府和大众共同的焦虑。

教育变化速度之慢

互联网出现后，几乎改变甚至颠覆了所有领域的旧有模式，人们期盼着互联网也能彻底改变教育。各类网络公司也在不断探索怎样利用互联网改变教育，力度也远远大于商业。如今美国已有300多万名学生在家利用互联网上学，网上课程也越来越多，内容也越来越精彩丰富。但从全世界来看，网络对教育的改变成效并不明显，一直到今天，教育的变化仍然非常小。

美国著名的未来学大师托夫勒，曾经在《财富的革命》一书中，形象地用高速公路上的汽车速度来比喻社会各个领域的变化速度：

公司或者企业——每小时100英里①。

民间机构——每小时90英里。

家庭——每小时60英里。

工会——每小时30英里。

政府——每小时25英里。

教育体系——每小时10英里。

---

① 1英里≈1609米。

国际组织——每小时 5 英里。

国家政治结构——每小时 3 英里。

法律体系——每小时 1 英里。

我们看到:公司或者企业的变化速度已经每小时 100 英里,可教育体系的变化速度只有每小时 10 英里,可见教育变化之慢,严重滞后于知识经济的变化。

全世界公认最有创新能力的乔布斯生前曾问道:“为什么计算机改变了几乎所有领域,却唯独对学校教育的影响小得可怜?”

2011 年 9 月,美国联邦教育部长邓肯给出了答案:原因在于教育没有发生结构性的改变。

那么,什么叫“结构性的改变”呢?

教育结构的基础形式是学校形态,高级形式是整个教育体制。

学术界普遍认为,信息技术对教育的改变分为三个阶段:一是工具与技术的改变;二是教学模式的改变;三是学校形态的改变。电化教学、PPT 课件等是工具与技术的改变;慕课、翻转课堂等是教学模式的改变。如果学校形态不发生深刻的变革,整个教育结构不发生相应的变化,教育的大变革将是非常困难的。

如今我国学校里应用电化教学、PPT 课件等工具和技术已经很普遍,慕课、翻转课堂已在局部实验,最有代表性的翻转课堂就是网上可汗学院。

翻转课堂的奇迹——网上可汗学院

网上可汗学院是由孟加拉裔美国人萨尔曼·可汗创立的。

这家网上学院目前上传到网上近万段教学视频,内容包括从小学到大学的数学、历史、物理、化学、生物、天文、金融等学科的知识,供全世界的学习者免费使用。目前可汗学院的各科教学视频仍在不断上传,观看人数还在快速增长,世界各国上亿的学习者从中受益。

美国许多小学生很喜欢看可汗学院的教学视频,他们甚至每天盼着下课,以便回家看可汗学院的视频。美国佛罗里达大学新生妮科尔·尼西姆被三角几何学困住时,她没有去请教老师或同学,而是在 YouTube 网站上找了一段“可汗老师”讲解三角几何学的视频,反复看了几遍,问题就迎刃而解了,整个过程既方便又快捷,而且没花她一分钱。如今世界各国许多学生看可汗学院的视频上了瘾,学起来既轻松效果又好,完全不用老师教了。

如今可汗学院的所有视频已翻译成了西班牙语、法语、俄语、汉语等十多种语言,受到学习者的普遍欢迎。

比尔·盖茨说:“可汗的成功令人难以置信,我和孩子也经常观看可汗学院的视频。他是一个先锋,他借助技术手段,帮助大众获取知识、认清自己的位置,这简直引领了一场革命。”新东方集团的创办者俞敏洪的三个孩子也在可汗学院学习,可汗学院的影响力越来越大。

启发和引导学生自觉、主动、轻松、快乐、高效地自学、教是为了不教,曾是全世界所有国家的教师从古至今追求的梦想,也是教育研究的重点,更是所有学习者盼望的最佳学习状态,可汗学院居然在网上做到了,这真是一个不可思议的奇迹!

可汗到底用了什么绝招,使这些教学视频飞速风靡了全球?

可汗学院的每段视频长约十分钟,从每门学科最基础的内容开始,按由易到难的进阶方式互相衔接,形成了完整的知识体系。因为每段视频只有十分钟,学习者学起来很轻松。可汗学院的讲课方式,就是教师在一块触控面板上面,点选不一样颜色的彩笔,一边板书,一边讲解,电脑软件会将他所画的东西和声音全部录下来,最后再将录下的视频上传到网上,免费让全世界的人学习,一切就大功告成了。

为避免学生注意力分散,视频中没有让人眼花缭乱的多媒体画面,也看不到教师,学生精力集中在学习内容上,教师的讲解也深入浅出,通俗易懂。可汗认为:“传统的教学视频中,老师站在黑板前滔滔不绝,会给人一种居高临下的感觉,让网友产生压力。我选择这种形式,是希望能更好地带领观众跟着我一点一点地思考。”这种师生平等的、以学生为本的、画面单纯的、尽量排除分心的、讲解通俗易懂的设计,是细微又体贴地以学生为本,这也是学生喜欢这些视频的重要原因。

可汗还开发了一套独特的练习软件系统,其中有每段视频的配套习题,习题只有8道左右,量并不大也不太难,但涵盖了本段视频的概念和知识内容。系统能记录学生做每道习题所花费的时间、哪些题不会做,习题做完后系统自动用图像曲线显示和分析做练习的状况,教师看了该记录,可以很容易得知学生哪些题不会做、哪些题花费的时间多、哪些概念没有掌握,等等,这样老师可以精准地针对性辅导。而且学习者不能全部做对一段视频的配套习题时,便无法进入下一段视频的学习,这时学习者必须再回头看视频和做习题,直到全部做对,这样保证了对每段视频内容的完全掌握,不留下知识漏洞,如同游戏通关。

传统的课堂教学,为了配合全班的进度,教师只要求学生跨过一定的门槛(例如考试平均分及格)就继续往下教,大多是一刀切的齐头并进,不能保证所有学生都全部准确地掌握学习内容,会产生许多所谓“差生”。但利用可汗学院的系统,可以让每位学生真正搞懂每一个基础概念和知识之后,再继续往下学习。这样就保证了每一个学生都达到了本级要求,不必齐头并进,彻底消灭了所谓“差生”,只有慢生和快生,而快慢并不影响学习质量,有时慢工反而出细活,学习质量更高。

更为重要的是,每位学生还可以自主掌握学习进度、自主选择学习时间、自主检测学习状况,即可自主超前学习,也可退后找到最适合自己程度的那级视频,能进能退,灵活自如。这种不让一个学生留下知识漏洞的设计,使每位学生只有学习进度的不同,做到了不以统一的考试成绩来评定优劣,只以实际学习效果来判断学习状况,这是评价标准的重大改变。实际上,这种学习方式,根本不需要考试,学习者自己就可以检测学习效果,或者说自己随时在给自己考试,而且还能清楚知道自己的学习状况,这比老师出题的考试,效果好得多。

如今,美国某些小学已经采用让学生回家看可汗学院视频代替教师讲课,上课变成了做其中的练习,有不会做的习题时,教师按不会做的题目将学生分成不同的小组,再由老师或已经会做的同学给予辅导,实现了带着问题学习和小先生制。美国人管这叫“翻转课堂”,与传统课堂正相反:在家看视频自学,上课问问题和讨论。既学会了主动自学,又学会了集体讨论,学生还能当小先生。

可汗学院既实现了学生自主分层自学和精准的教师分层辅导,学与教的效率都大大提高了。更深层的意义是,再也没有强迫的压力和统一定时的考试,学习变得主动、自觉、轻松、高效、可进可退。学生不断有小成功的快乐,再也没有差生,也没有吃不饱的优秀生。改变了传统评价标准、自己随时知道学习状况的优劣。学习过程真正变成学生的自控过程。学习不再有“头悬梁、锥刺股”般地恐怖,教室由像戒备森严的“监狱”,变成了一个师生交流讨论的研究室,师生的思维更加活跃,教与学也不断相长。

如今上“可汗学院”网站的网友,有功课遇到困难的学生,有想从这里得到启发的老师,还有特意就某个问题前来求教的人。人们的留言让人振奋:“我刚想放弃物理课,是你救了我!你简直就是数学上帝!……”

对于“可汗学院”的巨大魅力,美国伊塔卡学院的新媒体专业教授金·格莱格森指出:“大家都是在想学知识的时候来观看这些视频,因而效果比较好。而传统的教育体制,多少都带有强迫性。此外,这些视频可以反复观看,直到你弄懂为止。”可汗给“可汗学院”的定位也非常明确:“我希望我所成立的是一所独立的虚拟学校,所有人只要想学习,就可以来到这个平台,从最基本的东西开始,不断前进。他们可以在这里得到反馈、评价和训练。学生可以按照自己的步调学习,而老师更像是教练。”

现在,可汗每天制作3段视频。精通数学的他,可以仅凭记忆就制作出大部分数学辅导视频。但是,随着“可汗学院”所涉及学科的不断扩展,他意识到了充电的重要性。如果他对哪门想教的课不熟悉,就会自己先“恶补”一番。

一次,可汗在制作一段视频前,花了两个星期来准备。“我打电话给所有认识的教授和熟人,对他们说,‘咱们出来喝杯酒,聊聊吧’。搜集了两周的材料后,我对这个问题终于有了清晰的理解,这才开始动手制作视频。”在他看来,网络教学的另一个好处是能得到即时反馈,让他可以根据网友的反馈,不断完善视频。“如果观众没能理解,或者发现了其中的错误,我会重新制作一遍。”我们看到,可汗自己也在不断地研究性学习,利用网络及时反馈,教学相长,在他自己身上也得到了生动体现,教学内容和方法也不断快速改进,而不是多年不变。

夫唯不争,则天下莫能与之争

萨尔曼·可汗成为“网络名师”,完全出于偶然。他出生在美国新奥尔良市,父亲是孟加拉裔,母亲来自印度。可汗很小的时候,父母就离了婚。他13岁那年,父亲因病去世,母亲从此成了他唯一的亲人。他自小课业优异,后来,他进入麻省理工学院,但他经常不去上课,基本靠自己自学,一口气拿下了数学学士学位、电子工程与计算机科学学士学位及硕士学位,也积累了丰富的自学经验。此后,他又在哈佛商学院拿了一个工商管理学硕士学位,又有了管理知识。毕业后,“全能型”的可汗进入美国一家基金公司,做着与教育毫不相干的工作。

2004年,可汗上七年级的表妹纳迪亚遇到了数学难题,向这位“数学天才”表哥求助。通过雅虎通聊天软件、互动写字板和电话,可汗帮她解答了所有问题。为了让小妹妹听明白,他尽量说得浅显易懂。很快,其他亲戚朋友也上门讨教。一时间,可汗忙不过来了。他索性把自己的数学辅导材料制作成视频,放到YouTube网站上,方便更多的人分享。他有意识地把每段视频的长度控制在10分钟之内，以便网友有耐心理解、消化。没想到，视频很快就受到了网友们的热捧。“他们的留言充满了感谢与鼓励，让我欲罢不能。”可汗说，那时，他每天下班后，就一头扎进卧室的衣橱间里，用放在其中的简单设备拍摄、制作视频，平均每晚要工作3个小时。不久，他又开始尝试制作科学、电脑等相关学科的辅导视频。

2007年，可汗成立了非营利性的“可汗学院”网站，用视频讲解不同学科的内容，并解答网友提出的问题。除了视频授课，“可汗学院”还提供在线练习、自我评估及进度跟踪等学习软件。很快，这个网站每月的平均点击量，达到200多万次。2009年，可汗干脆将基金公司的工作辞掉，全身心投入到“可汗学院”的建设中来，并聘请了一些助手。可汗是一位典型的通才，他几乎什么都能教，从数学，物理，化学，一直到理财、人文，但他自己从来不出现在镜头前面。

可汗学院的教学模式，被教育专家认为正放射出“未来教育”的曙光，由于受到广泛好评，相关视频被观看的次数急速增长，视频包含的学科也越来越多。可汗学院获得了2009年微软教育奖，由于教学视频点击量极高，可汗每月可从YouTube网站获得约2000美元(约合1.3万元人民币)的广告分成。许多喜爱可汗学院的学生自发给可汗汇钱，从几十到一两万美元不等。美国著名风险投资家多尔夫妇，捐给可汗10万美元。2010年，“可汗学院”先后得到了两笔重要捐助：一笔是比尔·盖茨夫妇的慈善基金捐助的150万美元，另一笔是谷歌公司赞助的200万美元。可汗学院居然成了吸金大户，创造了一种新的吸纳资金的模式。完全非功利的可汗学院，却获得了巨大的成功，这印证了老子的智慧：夫唯不争，则天下莫能与之争。

可汗学院：对传统教育结构的颠覆性挑战

根据YouTube网站的统计，可汗学院的视频课程比他母校麻省理工学院制作的免费网上视频课程还受欢迎。许多大学的网上课程，不过是把教授上课的过程摄制下来，强调的是“教”；而可汗的教学视频，则突出学生自主“学”的过程。有媒体指出，“可汗模式”让人们对教育的许多“不二真理”产生了质疑：是不是只有专家才是最好的老师？每节课是不是一小时左右最合适？

现在的美国教育中，也有许多视频教学课，但是效果一直不佳，学生们一人对着一台电脑，与老师的交流也有限。如今，美国加利福尼亚州的两所学校，已在五年级和七年级试用可汗学院的教学视频，学生们在家里观看视频自学，老师则在课堂上分组答疑解惑,辅导学生们完成功课。可汗表示,这正是他希望看到的:“我的目标就是做出大家愿意跟着学习的视频课程。看到人们在可汗学院的帮助下进入大学,或取得好成绩,我实在是太高兴了。”可汗的下一个目标是,在未来5年内制作出从幼儿园到高中的所有课程,以及部分大学课程,如计算机科学和电子工程等。

可汗凭借一己之力,借助互联网这个平台,采用电脑和通信技术,将“家庭教师”免费送给了全世界渴望学习的人,确实给了信息时代的教育改革极大的启发。

虽然可汗学院还有许多需要改进的地方,像中文这种文科课程怎样制作视频并使练习效果更好?学生怎样在网络上实现和名师远距离讨论互动?同学之间怎样在网上互助讨论?物理、化学等课程的虚拟实验在网上怎样做?怎样借助网络做集体课题研究?怎样应用更多的高新科技?网上虚拟学校和实体学校怎样互相配合?网络教育怎样促使中高考改革?网络教育怎样促使教育管理体制改革?教师应具备什么新素质?等等,都是必须深入研究的课题。但可汗学院可贵的是:它有快速反馈和纠错机制,因此可汗学院改进速度会非常快。我们从可汗学院的成功,看到了教育改革的曙光,特别是对中国重负低效的应试教育有重大的启发,对社会上遍布的各种应试教育培训机构也将造成全面冲击,这是网络给中国教育带来的福音。

信息时代的新型学校

可汗学院的巨大成功,昭示着信息时代的网上学校横空出世!

未来学大师托夫勒曾经提出了信息文明新型组织机构的5条标准:

第一条标准:不像工厂批量生产,而是定制化个性生产。

第二条标准:使成员非群体化,鼓励个性,独立思考,兼容并包。

第三条标准:尽量分权,一线员工有充分的自主权。

第四条标准:非垂直的虚化管理,充分外包、借脑,组织本身成了平面的“合同网络”,管理人员尽量精简。

第五条标准:强化家庭,大部分活动在家中通过网络进行。

依据这5条标准,美国未来学大师托夫勒早在二十多年前就预测:未来学校将是电子私塾,即在家利用网络学习的电子私塾,这是对传统私塾的高层次回归。

从可汗学院的成功,我们似乎看到了电子私塾的雏形。笔者也曾经在十多年前预测:中国学校今后的发展方向将是电子书院。美国学校采用可汗学院的视频教学,其实就是电子私塾和电子书院结合的模式,这是否预示着未来家庭与学校通过网络密切结合的新型教育方式?

作为电子私塾的过渡形式,美国近年出现了小微学校,而且发展势头很猛。

小微学校(Altschool)发源于美国旧金山,是一位前 Google 创始人创办的小型学校。学校利用民居改建,就在一层住宅楼里,没什么书桌,只有简单的书柜,自然采光的大块玻璃墙,和许多苹果电脑,初期学生从幼儿园到初中有 20 多人,现已发展到近 200 人,获得了一亿多美元的资助。

小微学校是以学生为中心的学习型组织,不同年级的学生混编,互相辅导。每个学生学习的课程不同,老师的要求也不同,学生各有强弱项,互相提问,共同解决问题。学生、家长、教师、网络工程师共同参与设计课程。鼓励学生发现问题,合作解决问题,即集体研究性学习。

开学前,老师会与学生聊天或向他们提一些学科问题,了解他们的智能倾向、兴趣爱好,建立详细的学生智能倾向学习档案。老师将每天的任务发送到学生电脑上的游戏清单(playlist),每个学生的任务都不一样,学生完成任务后提交文档或照片,老师及时跟踪并评估学生的学习。学生每周出外考察一次,去博物馆、参加科学研讨会、接触大自然。

开学时,教师保持教室空白,让学生参与教室设计,使学生有自己家的感觉。老师请专家教学生设计方法,组织去校外参观,激发设计教室的灵感,这本身就是一门实践课。

老师根据学生的智能倾向和现状,利用软件来制定全年的学习目标,目标细化为每周都会更新的游戏清单,供学生自选,教育内容尽量自主定制化、游戏化。

学生全面自主的高中

美国盐湖城有一所刚创建 4 年的创新高中,这所高中既没有上课铃声,也没有传统的课堂,学生想什么时间到校就什么时间来,只要从早上 7 点到下午 5 点期间,每天在学校完成 6.5 小时的学习即可。

这所高中创办者在建校前,调查了学生为什么不喜欢学校,结果发现主要原因是:学生有什么不懂的问题,不能得到及时的辅导,教师无法为某些学生放慢上课进度，而另一些学生又感到进度太慢。学生们想要的是“想到校的时候到校，以自己的节奏学习，能被当做成年人来对待”。

根据学生的需求，这所高中这样办学：学生自己为自己设定学习目标，按照自己的进度自由选择在线课程。若需要，学生可以为某节课花更多的时间。如果已经掌握了课程内容，也可以加快学习进度，即可进可退，每位学生的进度都不一样。每位学生配有一位导师，给予一对一的指导。学校创办人的目的是促使学生为自己的学习全面负责，采用在线与线下面授结合的“混合式”学习，吸引成绩各有千秋、却渴望自由学习的学生前来学习。

教室只有最基本的配备：课桌、椅子、电脑，却没有传统意义上的课堂。在任何时候，可能有的是学生在独立学习，或与导师一起，与 1～4 位学生在讨论。早起的学生早上 7 点就会到校，但大多数学生都在 9 点到 9 点 30 分之间到校，还有些来得更晚些。

到校后，学生首先会登录学习管理系统，其中展现的是个人目标和进度数据。学生自己选择学什么，以及何时进一步学。如果觉得生物学起来有点无聊，那就转到英语“教室”观看《驯悍记》电影或修改一篇论文。学生可以自己决定每项内容花多少时间学习。学生常常以小组形式共同协作完成某些项目和实验。他们也会选择阅读同一本书，这样就可以一起讨论。在小组之外，其他学生选择独立学习。导师和学科老师会在学校里走动，寻找需要帮助的学生，或与单个和小组约见辅导。老师和导师会追踪每位学生的进展，当学生的进度不够快，达不到毕业要求时，老师就会参与进来。

导师每周至少与学生碰面 1 次，和学生家长每年会面 4 次，平时也会给家长发短信和电子邮件沟通。沟通模式和成绩单都设计成可以揭示学生的现有状态，以及应该达到的水平。

这所高中位于盐湖城社区大学一幢宽敞明亮的新教学楼中，楼里还有学区的职业和技术中心。学生可以选择早期大学课程和职业技术课程，这些课程都是线下面授。学生需要弄明白自己想要朝什么方向发展，以及何时需要做什么。2015 年有 1/10 的高三学生选修了职业和技术中心的课程，从计算机编程、矢量绘图，到理发和美甲。学生还可以乘坐穿梭巴士到当地的高中上课，或参加合唱团、乐队、外语、运动等课外活动。这样与其他高中的合作，可以使学校低成本运营。

学生完成一门课，获得学分需要展现出对于学习内容 70%的掌握度，并且只有达到这一点才能学下一门课。若学生想提高自己的成绩，学完的课也可以重修。老师会让课程重新启动,并告诉学生如果想要从C提高到B,或从B到A需要做些什么。校长对学生们说:“你不会不及格,你只会需要更多的时间。”

这所高中是自我主导学习和责任感培养的综合,学校没有学生行为管理计划,因为不需要。老师在指导学生在线学习时会大声称赞学生的表现,一对一的教学也让师生间不再有距离感,这里建立的是学生支持系统,学生不会灰心丧气,他们的学习需求都可以实现。学校鼓励、亲近的氛围和灵活的教学模式,对于目标多元的学生很有吸引力。学校已经运营了3年,吸引来了360多位学生,还有150位申请者在候补排队,2015年毕业率达到了93%,比该州的平均水平要高出许多。该校学生比这座城市里其他高中合起来得到的大学学分都要多。但也有大约1/3的学生需要一学期的时间,才能逐渐适应这种学习方式,另外1/3的学生则需要更多的帮助才能适应。也有些学生难以挑战自己。

新型大学

美国旧金山近年创办了一所密涅瓦大学。学校建在一个写字楼里的第九层,第一年课程在旧金山完成,四门课程分别是理论分析、实证分析、综合系统分析、多元模式交流。主要是学方法论,不学具体的学科内容。后面的3年,每学期由学生自由选择全世界任何一个城市,利用当地的各种资源或网上资源去学习,完全放手让学生自己去选择学习和研究的主题,同时体验世界各种不同的文化特色。

可以预料,今后全世界将出现越来越多的、各具特色的、基于网络的新型学校,这种新型学校的共同趋势是:人性化、小型化、多样化、定制化、个性化、网络化、选择性、网上网下结合、学习与实践结合、研究性合作学习。未来新型学校的竞争,将是特色课程的竞争,教师将成为自由职业者,有研究指导能力的优秀教师将成为新型学校争抢的资源。

上述与信息文明新型组织机构的5条标准高度吻合的新型学校,全面地显示了学校形式的变革趋势,这种学校培养出来的学生,当然会有很强的创造力。

当工业文明冲击农业文明的时候,中国出现了班级授课制的现代学校,代替了传统的私塾,如今信息文明冲击工业文明的时候,新型的电子私塾也将快速改变学校的教学模式和学校形态。总的趋势是:必须按照网络的发展趋势来改革整个教育结构,而不是让网络来适应传统教育,更不能让网络成为应试教育的帮凶。

中国目前信息化建设发展迅速，是否会出现有中国特色的“可汗学院”？是否会出现小微学校、创新高中、特色大学？能否选择一些地方开始试点？能否试办网上学校与现实学校相结合的混合型学校？能否在教育管理上制定更有利于网络教育的政策和制度？可否会立法允许在家利用网络上学？可汗学院、小微学校、创新高中、密涅瓦大学已经做出了成功的示范，中国应当迎头赶上。

未来是创造出来的，首先要创造出新型的学校，才能培育出大量创造性的人才。

在研究状态下创业

> 创业就是在实践中研究和创造的过程。
>
> ——刘　伟

我国如今有许多大学生和研究生就业困难，政府极力倡导自主创业，而且出台了许多政策措施，辅助大学生创业。在当今的知识经济社会，该怎样创业才效率最高也最容易成功呢？

“相思李舍”的咖啡

郝明义在他写的《越读者》一书中，讲了一个创业故事。

李威德先生原来是一位专业建筑师，因为对咖啡特别感兴趣，后来转行在台北开办“相思李舍”咖啡馆。他努力在创造状态下创业，很快使相思李舍的咖啡成为全亚洲最好喝的咖啡，他自己也成为鉴赏咖啡的味觉专家。

李威德决定开咖啡馆之后，就戒掉了以前一天喝一瓶威士忌的习惯，然后把咖啡、茶、红酒三样一起研究起来，从不同角度的比较中了解咖啡。

他不断明察暗访那些懂咖啡的人，从咖啡的生豆、烘焙、萃取、保存等环节各找一位内行的人当导师，指引方向。自己平时下工夫去琢磨，等到对咖啡有一定的认识和体会后，再找一个咖啡专家来验证自己的水平。

他到书店浏览四十多本与咖啡有关的书，连咖啡机器型号的书也要看，然后选出二三本真正可用的好书仔细阅读。同时，他参加国际咖啡协会，接触专业人士并了解他们看的书。如果需要一些冷门、生僻的书，他就采用上网购买、去图书馆找、托人到国外购买等方式想尽办法搜集到。

他在读这些书时，重点体会作者如何用全部的生命研究一项自己热爱的事业。他深入到作者的内心，用简单的方式来与作者产生心灵共鸣。“不识庐山真面目，只缘身在此山中”，有时他与书拉开一段距离，从更高更宏观的角度来审视书中内容，反而能更深刻全面地理解作者的本意。

他对书中和别人提到的东西并不轻信,保持一种科学的怀疑态度,总要用真材实料做实验,得到验证后才相信。比如书上说摩卡咖啡有5种芳香族,可他一开始找不到,于是他开始了一个不断失败又不断实验的过程。煮3分钟不对,煮2分57秒也不对,他就不停地煮下去,直到确定最合适的煮咖啡时间。

早期他觉得自己懂了咖啡之后,经常埋首在八百种香味中,滔滔不绝地向顾客介绍,觉得很过瘾。时间长了,他发现了自己的浅薄,现在他讲咖啡只讲三件事:咖啡应该是透明的红色,不苦,不酸,人人都可以判断。他如今已经成了能把复杂化为简单、能表达得深入浅出的味觉大师了,相思李舍的咖啡也成了亚洲名牌。

创造是最高层次的智慧

李威德的创业过程,是一个典型的不脱离实践的创造过程,在当今的知识社会,这种创业方法是最科学、效率也最高的方法。可以预料,他今后进入任何领域,都有了一套研究性创业的方法,很快便可以成为这个领域的佼佼者。

在当今的知识经济社会,不论是做学问还是创业,都需要一种研究和创造的精神,并掌握一套研究和创造的方法,靠智慧来获得创业的成功。仅靠力气来没头没脑地蛮干,是根本没有竞争力的。

李威德在创业过程中,边干边学,学了就用,是最好的创造状态。他阅读了大量书籍,他的智慧许多都来自阅读,但他并不迷信阅读,而是具有科学的怀疑精神,并采用实验检验的方法,亲自动手用实验来检验书中的结论。我们看到,仅仅是阅读,也必须有研究的态度和研究的方法,并形成一套最适合自己的研究性阅读方法。

爱因斯坦等人还特别重视书外功夫,比如实地调查、交友、访谈、聊天、讨论、实验、演讲、实践,等等。爱因斯坦还经常做思想实验,即提出一些物理假设,然后用逻辑推理的方法进行论证,看能否从逻辑上验证假设的合理性。这些书里书外相结合的读书法就更全面科学了。李威德的创业过程,就综合了书里书外的创造功夫。

当今许多人把读书和网络多媒体阅读结合起来,成为新型的“越读者”——超越纸质媒体的阅读者。如同电影发明了蒙太奇(用画面的剪辑和组合来讲故事)之后才有了独有的魅力与生命,虚拟现实与网络的结合是未来网上阅读的方向,将使阅读立体化、动态化、多媒体化、互动化、体验化、表达和传播迅捷化。

阅读越来越广泛丰富和方便了。

世上并没有统一的、对每个人都适用的研究性阅读和创造的方法，最适合你的方法就是最好的方法。初期阅读应当什么方法都试试，然后逐渐找到自己最感兴趣、最适合自己、效率最高的方法。

开出第一条路，掘出第一桶金

郝明义认为：在当今知识爆炸的时代，对阅读来说，在开出第一条路之前，博只是散漫，专只是狭隘。所以要像李威德一样，首先要围绕自己的创业目标，集中力量开出第一条研究性阅读之路，用创造性的方法掘出自己的第一桶金，越早越好。

胡适先生曾经指出："学问要即精深又博大，精深是他的专门兴趣，唯他独尊，无人能及；博大是以专门兴趣为中心的旁搜博览，几乎无所不知。"

在知识经济社会，你掌握了先进的研究方法，通过主题研究，获得了精深又博大的知识，就如同插上了翅膀，在创业中就可能比别人飞得更高更远了，"相思李舍"咖啡馆就是一个生动的例子。

第五篇　创造力之魂

创造力之魂是思维，思维一通则百通。没有创造性的思维，就不会有持续的创造力。逻辑思维、头脑风暴、思维导图、批判性思维、集体多角度思考、辩证式辩论赛，都是培育创造性思维的好方法，应当成为培育创造力的核心内容。

逻辑推理与创造力

> 字字精金美玉，为千古不朽之学问。
>
> ——梁启超对《几何原本》的评价

许多专家学者都曾经指出过:中国因传统文化的影响,大多数人擅长感性的形象思维,不擅长理性的逻辑推理,尤其不擅长演绎推理。而正是演绎推理,成为近代科学诞生和快速发展的重要原因之一。

爱因斯坦说过:“西方科学的发展是以两个伟大的成就为基础的,希腊哲学家发明的(在欧几里得几何学中)形式逻辑体系,文艺复兴时期发现通过系统的实验有可能找出因果关系。在我看来,中国的贤哲没有走出这两步,是不用感到惊讶的。令人惊讶的是,这两项居然被发现了。”

为什么欧几里得几何学中的形式逻辑体系对西方科学的发展有那么大的作用呢?

《几何原本》

可能很少有人知道,在欧洲历史上,印刷数量仅次于《圣经》的书竟然是古希腊数学家欧几里得写的《几何原本》。

这本研究平面几何的书首版于 1482 年,即谷登堡发明活字印刷术三十多年之后 。自那时以来,《几何原本》已经被印刷了一千多版,发行量惊人。这本两千多年前古希腊数学家欧几里得写的著作,其中的主要内容直到今天还是全世界中学生必须学习的内容,历史上任何自然科学理论都没有这么长的生命力和有这么广泛的影响,欧几里得创造了一个惊人的奇迹!

如果欧几里得当年只满足于把丈量土地所得的具体结果归纳为若干条经验定律,那么几何学就无法有更大的发展。但他没有这样做,而是另辟蹊径,别出心裁地用几条简单的公理加上逻辑推理方法推出了一个严谨的思想体系。

在《几何原本》中,欧几里得第一次采用了公理化的方法。公理就是确定的、不证自明的基本命题，一切定理都由公理按逻辑法则推导出来。在这种演绎推理中，每个证明必须以公理为前提，或者以被证明了的定理为前提。

这一方法后来成了西方建立任何知识体系的典范，在差不多两千年间，被西方科学界奉为必须严格遵守的学术规范，极大地推动了科学的发展。正因为如此，自《几何原本》问世以来，思想家们为之倾倒。德国诗人、作家歌德将欧几里得几何学视为“哲学的最完善的引言与入门”。爱因斯坦早在12岁时，就对欧几里得几何学感到惊奇，他强烈地感到几何学的“这种明晰性和可靠性给我造成了一种难以形容的印象”，正是欧几里得几何学给了爱因斯坦后来创立相对论的方法启示，相对论就是从两条公理推导出来的理论体系。

欧几里得的《几何原本》是现代科学诞生的一个关键因素。科学绝不仅仅是把经过细心观察的现象和小心概括出来的结论收集在一起而已，科学一方面是将经验同实验进行结合，另一方面，需要细心的分析和严密的推理。正是在后一方面，《几何原本》提供了一整套逻辑推理方法。欧几里得的巨大功绩，不仅在于创立了一门几何学，更重要的是发明了这种以演绎法为特色的逻辑推理规则，这种推理规则几乎可以用在一切学科中，现代科学的飞速发展，这种推理规则起到了巨大的推动作用。

演 绎 法

专家学者们一直在思考：为什么近代科学产生在欧洲而没有出现在中国或日本？

这并非偶然。像伽利略、哥白尼、牛顿、爱因斯坦这样的卓越人物所起的作用是极为重要的，但这些出类拔萃的人物都出现在欧洲，而不是东方。我们发现，欧洲人思维上似乎更易理解科学，社会大众也特别崇拜科学家，研究科学是社会的普遍风气，许多人都是因业余时间爱好做科研而成为了科学家。使欧洲人易于理解科学的一个明显的历史原因，是古希腊的理性主义以及从希腊人那里流传下来的数学知识。对于欧洲人来讲，只要有了几个基本的原理，其他都可以由此推演而来的想法似乎是很自然的事，因为在他们之前有作为典范的欧几里得，他们的思维方式都受到《几何原本》的深刻影响。

欧几里得的《几何原本》在西方的影响极大，有多种译本，还出现了很多批注本，它最后变成了一本流行的教科书。它的普及，为伽利略、开普勒、牛顿开创近代科学做了必要的准备。西方几乎所有学科都是依照《几何原本》的公理演绎体系展开的。牛顿的名著《自然哲学的数学原理》是典型的《几何原本》式的公理演绎格式。自那以后，许多西方的科学家和哲学家都效仿欧几里得，说明他们的结论是如何从最初的几个公理或假设逻辑地推导出来的。许多数学家和哲学家，如罗素、怀特海、斯宾诺莎也都这样建立他们的思想体系。

《几何原本》的影响并不限于数理学科。马克思的《资本论》也是依照《几何原本》的逻辑推理体系展开的。《资本论》第一卷，一开始就是许多基本概念的定义(价值、使用价值、交换价值、剩余价值、相对和绝对剩余价值、剩余价值率……)，就像牛顿的《自然哲学的数学原理》一开始定义速度、速率、相对和绝对速度、加速度……随后是有关剩余价值产生的基本方程，即剩余价值的产生等于劳动生产率乘以资本投入，它相当于牛顿第二定律的动力学方程；再由此推出引理、定理等命题，如无产阶级绝对贫困化、经济危机周期律，等等。

美国《独立宣言》的第一个论断是“我们认为下述真理是不证自明的：人人生而平等”。“不证自明”是《几何原本》中的5个公理的基本特征。林肯认为，“人人生而平等”乃自由社会的第一公理。它很像现代宇宙学的第一公理——宇宙学原理：整个宇宙是没有中心的，处处是平等的。

《独立宣言》以演绎推理式表述，原因在于起草《独立宣言》的杰斐逊一生酷爱《几何原本》。杰斐逊受过良好教育，是专业建筑师，自然懂得几何学。退休以后，《几何原本》仍是他最爱读的书之一。林肯早年并没有受过良好教育，《几何原本》是他后来自学的。当他成为国会议员后，仍用零星的时间钻研《几何原本》。他说，他的心灵靠三本书造就：《圣经》《几何原本》和《莎士比亚戏剧集》。《圣经》使他看到全能的上帝，《几何原本》令他发现理性的威力，《莎士比亚戏剧集》则驱使他赞美和服务于善良的人。

同时代的中国政治家曾国藩也很重视《几何原本》。曾国藩在洋务运动初期，于1865年，就支持刻印《几何原本》，并为之写序。他强调逻辑推理的重要性，主张“不能仅知演算，而不知其所以然”。后世崇尚林肯或曾国藩的政治家很多，可惜，极少有人提到他们二人崇尚的《几何原本》的理性威力。

爱因斯坦更是明显地受到《几何原本》的影响。他曾写道：“适用于科学幼年时代以归纳为主的方法，正让位于探索性的演绎法。”

应当怎样创立新的思想体系？爱因斯坦认为研究者的工作可分为两步，第一步是发现公理，第二步是从公理按演绎推理的方法推出其他定律。善于发现公理，除了需要研究者自身的想象力、创造力和直觉的洞察力之外，还需要历史为他提供的条件。社会条件不成熟，科学没有发展到一定水平，也无法发现能引起重大科学突破的公理,就如牛顿不可能发现相对论一样。如果发现了适当的公理,推理就会一个接着一个,甚至有些是研究者自己都无法预料的,重大的科学突破便因此产生,相对论和量子论都是这样产生的。

爱因斯坦曾经说过:“没有一种归纳法能够推导出物理学的基本概念,对这个事实的不了解,铸成了19世纪多少研究者在哲学上的根本错误。”在他看来,许多所谓常识的东西其实不过是幼年时代被前人灌输在心中的一堆成见,是需要重新思考这堆成见的。它们很可能是由于人们只处于宇宙一个局部领域而见到的特殊现象,并不是宇宙的一般规律。比如,物体运动时长度不变只是低速运动的特殊现象,长度随着速度而变化才是宇宙的一般规律。爱因斯坦对一些人们认为是常识的概念如“同时性”“质量”等都重新思考,正是这种对基本概念的怀疑精神,再加以演绎推理为特色的思维方法,使爱因斯坦创立了自己的相对论思想体系,取得了革命性的科学突破。

千古不朽之学问

在历史上,中国在技术方面一直长期领先于欧洲。但是从来没有出现一个可以同欧几里得媲美的中国数学家,导致中国从未拥有过欧洲人那样的几何理论体系,中国人对实际的几何知识理解得不错,但这些几何知识从未被提高到演绎推理体系的高度。

直到1600年,欧几里得几何学才被传教士介绍到中国来。徐光启和利玛窦于1607年翻译的中文版《几何原本》没有像在欧洲那样受到普遍重视和欢迎,没有像在欧洲那样成为欧洲中学生必学的教科书。中文的《几何原本》在中国没有广泛印刷流传,没有注释本(只有给康熙皇帝专用的进讲本),更没有变成一本青少年的教科书。

系统的公理演绎的逻辑推理方法,在中国的典籍,包括数学典籍中,是没有的。无论在1607年之前或之后,都缺乏。直到250年后,1865年,才有李善兰与英国传教士伟烈亚力译出全本的13卷《几何原本》,后将其用作同文馆的教材。尽管如此,学者们也只是注意到《几何原本》对数学发展的重要。此后,直到20世纪初,《几何原本》的演绎推理体系才在受过西方教育的中国人之中普遍知晓。在这之前,中国人并没有从事过实质性的科学工作,也没有产生有成就的科学家。

在日本,情况同样如此。直到18世纪,日本人才知道欧几里得的《几何原本》,并且用了很多年才理解了该书的演绎推理的思维方式。尽管今天日本有许多著名的科学家,甚至有十多位诺贝尔奖获得者,但在理解了欧几里得几何学之前却没有一个。

由此可见欧几里得的《几何原本》对科学发展的基础和关键性作用。人们不禁会问,如果没有欧几里得的奠基性工作,现代科学会在欧洲产生并飞速发展吗?

爱因斯坦曾经强调,欧几里得几何学是哲学家发明的体系,它并不限于数学家,而是所有"爱智"者都应遵循的思维逻辑。它是各种学问的普适基础。欧几里得的原书名是《原本》,而并非翻译成中文后的书名《几何原本》,中文翻译无意中把《原本》大大窄化了,这也反映了中国人的传统思维方式,重具体、实用、经验、归纳,而不重抽象和演绎推理。据传,柏拉图在他创建的阿卡德米学园门口写着:"不懂几何学者莫入。"这个学园不只研究算学、几何学、光学、天文学,还研究社会科学。上述口号要求,无论研究哪一门学问,都必须先懂得几何学,也即通过研究几何学,掌握其中的演绎推理方法。在任何知识领域内,只有应用了这种演绎推理方法,才能形成系统化的、基础可靠的、结构严谨的学科。柏拉图认为真理是依靠辩论(包括诡辩)而获得,他认为对几何学无知者,不懂得严谨的演绎推理方法,不具有参加任何辩论的资格。

如今,数学家们已经意识到,欧几里得几何学并不是唯一的一种内在统一的几何学体系。在过去的150年间,数学家们已经创立出多种非欧几何学体系。自从爱因斯坦的广义相对论被接受以来,科学家们已经认识到,在宇宙之中,欧几里得的几何学并非总是正确的。例如,在黑洞和中子星的周围,引力场极为强烈。在这种情况下,欧几里得的几何学无法准确地描述宇宙的情况。但是,这些情况是相当特殊的。在大多数情况下,欧几里得的几何学可以给出十分近似于现实世界的结论。

正是欧几里得《几何原本》的巨大的思维方法价值,梁启超称该书:"字字精金美玉,为千古不朽之学问。"《几何原本》最早的中文版译者之一、明代的徐光启认为该书"举世无一人不当学",并预言此书"百年之后,必人人习之",可惜直到四百多年后的清末民初,中国人才开始普遍学习欧氏几何学,正是思维方式的落后造成中国的全面落后。

如今欧几里得几何学已经是初中生都可以很快学会的学问,但关键是要深刻理解欧几里得几何学的思想精髓和它的演绎推理方法,掌握它的严谨系统的逻辑体系,它仍将在我们今天的研究中起到重要作用,给我们以理性的熏陶。

逻　辑

我国当代哲学家黎鸣先生曾经深刻地指出:“西方人为什么比我们强大?说到根上,就是人家有逻辑,而我们没有逻辑,或者说我们自己抛掉了逻辑。”

黎鸣在《中国人为什么这么“愚蠢”?》一书中指出:

“在天(文)、地(质、理)、数(学)、物(理)、化(学)、生(物、理)、心(理)、哲(学)、社会科学(政治学、经济学、社会学、法学、伦理学、新闻学……)等等之中,我们具有五千年悠久历史传统,且拥有世界上最多人口的中国人,究竟创造了哪一门、哪一科呢?又在哪一项上占有明显的优势呢?甚至日本人也可以嘲笑我们,敦煌在中国,可是‘敦煌学’却在日本”。

“纵观古今,我们有天文观测,但无天文学;有地理勘察(如《徐霞客游记》等),但无地质学、地理学;有植物栽培、运用,但无植物学;有动物驯养、利用,但无动物学(今天的动植物分类,我们沿用的方法仍是西方人发明的门、纲、目、属、种等系统分类方法);有具体的数字计算,但无抽象的数学;有四大发明,但无物理学、化学;有桥梁房屋建筑,但无建筑(材料、工程、结构)力学;甚至有语言、文字、绘画、音乐,却无成系统的语言学、语法学、修辞学(许慎的《说文解字》是一部字典,《马氏文通》是后来学习西方语法学之后的产物,六书法则并未形成严格的原理)、美术学(中国绘画无透视学、无色彩学等)、音乐学(虽然中国明代朱载堉最早发现了十二平均律,但并没有使之成为和声学、音律学等)。我们中国人自称有五千年古老传统文明,却竟然是一个无‘学’的文明。我们的四大发明固然伟大,但它们均为‘术’,而且是古代先人在直接与自然接触的生命体验中发现和发明的比较粗略的技术,它们并没有进一步上升为‘学’,也即没有变成抽象的理论思维,变成阐明事物规律的学说。例如四大发明中的火药,其物质组成成分(元素)是什么?其化学性质是什么?其发生爆炸的原理是什么?又如四大发明中的指南针,为什么它永远指向南方(或北方),磁性究竟是什么?这一切,全都要等待后来的西方人去进行抽象的理论思维才最后获得认识。我们中国人在所有方面,几乎都只在‘术’上止步不前,从而在‘学’的领域成就甚微,简直可以说无‘学’。”

“什么是学科意义上的‘学’呢?其关键即在具有高度抽象的理论,该理论既可以解释事物已有的现象,又可以抽象地描述现象发生的规律,从而不仅可以具体解释事物当下实际的运行,还可以进一步预言事物未来的状态和变化,并在进一步的实践中获得验证，或证实，或证伪。”

“建立理论的最重要的前提之一，即必须掌握最基本的逻辑思维规律。逻辑就是你怎么讲话、怎么思考，你用一种什么方法讲话和思考，怎么能够使你的讲话和思考符合真实、真理、有效、可靠。这就是逻辑。真正的逻辑不仅仅是语言、思维的规律，不仅仅是数学发生并形成的规律，更主要的，它是万事万物发生、成长以及结果的总规律。”

黎鸣先生指出了逻辑的极端重要性，科学思维的精髓之一就是逻辑推理，特别是演绎推理，只有掌握了逻辑推理的方法，研究才能深入，才可能建立新的学说和系统的思想体系，科学才可能不断发展。所以我们在培育创造力时，必须高度重视掌握演绎推理的思想和方法，这更是培育自己理性精神的极好机会，也是获得高水平创造力的必须。

头脑风暴、思维导图、批判性思维

> 蜜蜂建筑蜂房的本领使人间的许多建筑师感到惭愧。但是，最蹩脚的建筑师从一开始就比最灵巧的蜜蜂高明的地方，是他在用蜂蜡建筑蜂房以前，已经在自己的头脑中把它建成了。
>
> ——马克思

拥有持续创造力的前提是具有创新思维，只有头脑里先想到，才可能做到。当今国内外的专家学者已经研究出了许多培育创造性思维的方法，比较常用的是头脑风暴、思维导图、批判性思维等。

头脑风暴

头脑风暴是激发集体创意的好方法，在解决问题、科研开发、创客活动、会议讨论等活动中，都经常用到头脑风暴法。

头脑风暴法一般用在小组集体思考的场合。

首先小组将要解决的问题写下来，问题越明确、越具体越好。比如解决一个具体问题——“设计或改进画角度的工具”。

每组选一位组长，最好是有一定的组织能力和有比较好的比较、分类、归纳、总结的能力。

每组选一位记录员，用多个彩笔和一张较大的白纸，记下所有人提出的创意。每位组员准备一张白纸、铅笔和橡皮擦。

头脑风暴法的具体步骤是：

◎ 发散思维。要求小组成员就待解决的问题展开集体讨论，每位成员都提出自己的创意解决方案，尽量发挥想象力和创造力，方案不论是否相似，是否荒谬怪诞，不做任何限制，越多越好，只追求数量。记录员将所有创意解决方案都记录下来，组员尽量画出自己的创意产品草图。

在发散思维时，每位组员不做任何否定、评判、结论，即必须推迟判断。讨论时，一次只有一个人简洁地发言，尽量用画草图等视觉形象表达创意解决方案，但同时要大声说出来。组长要追问、鼓励每位组员提出创意方案，并控制好，使每位组员尽量不要走题。

◎ 聚焦。小组成员从所有创意解决方案中，举手表决选择哪个创意解决方案。

◎ 交流。请被选中方案的成员介绍自己的创意，小组成员进一步讨论后修改，并画出草图。

总之，头脑风暴法的原则是——注重数量、推迟判断、自由发挥、大声说出来、鼓励奇思妙想、不否定和评价、充分交流、最后表决聚焦、讨论完善。

只要实际地参与几次头脑风暴，就可以很快掌握上述原则，并习惯于发散思维。

思维导图

思维导图是使头脑思路清晰的重要工具。要想使大脑最有效地接收、整合、分类、理解信息，那么这些信息必须尽量以易于“插入”的方式进行组织，即按从中心发散的分叉和随时可插入的方式组织起来，而不是传统的线性结构。下面是两个思维导图案例。

◎ 自我介绍思维导图。

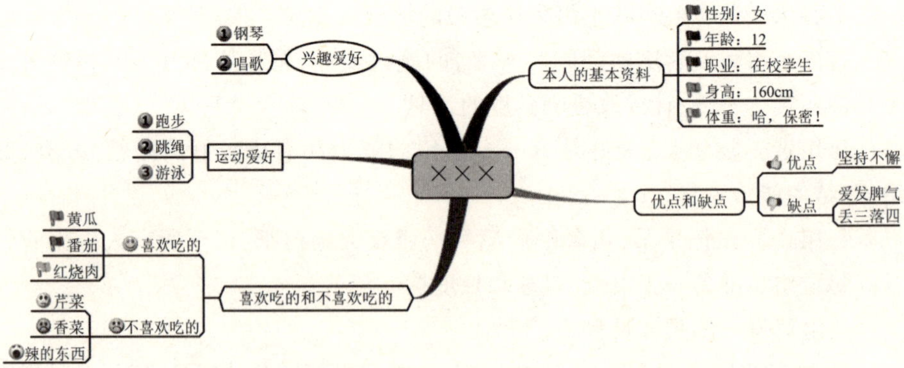

◎ 高中电流和电路思维导图

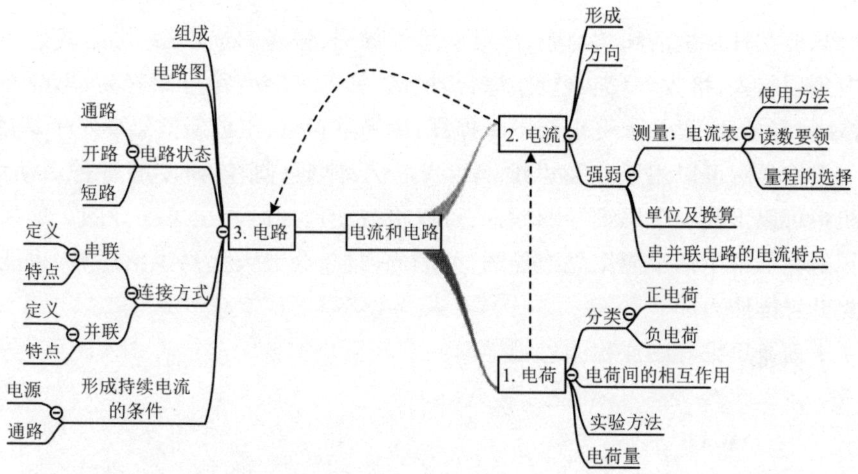

不难发现，上述两个思维导图有如下特征：

(1) 主要内容放在中心位置。

(2) 每个内容的重要程度清晰地标出，越重要的内容离中心越近。

(3) 关键词语之间的联系极易辨认。

(4) 脉络和体系清晰，使记忆与复习更快捷。

(5) 新信息的插入很方便，且不会引起混乱。

(6) 尽量用图像来表达，每幅图的制作各有特色，便于记忆。

(7) 末端的开放式结构使大脑能方便地进行新的链接。

画思维导图的一般原则是：

(1) 尽量在中心画一幅彩图，彩图更能激发创意和强化记忆。

(2) 尽量用图像贯穿始终。

(3) 尽量用正规标准的字体写文字，便于清晰阅读。

(4) 词语要写在线上，每条线都要和其他线相连。

(5) 多用单个的词，尽量一条线上用一个词。

(6) 尽量多用各种颜色。

(7) 画思维导图时，大脑尽量保持放松和自由，不去想“是否应当包括在思维导图中”等问题，不要太介意顺序与组织，

读者可以邀集几位朋友以《我渴望的发明》为中心，画一张思维导图，然后交流制作心得后，推选一位成员向大家展示并解释自己的思维导图，大家提出改进意见。

读者还可以回家向家人介绍思维导图，并指导家人都画一张自我介绍的思维导图。

只要在日常生活和学习中，经常画思维导图，慢慢习惯以后，思路就变得清晰有条理起来，接收、分类、整理、综合、记忆、复习都会变得更加容易，思维会变得清晰、有条理，思维水平也会不断提高，也为重新组合、创新信息奠定了基础。

思维导图可以用于涉及思维、学习、记忆、计划、创客、研发等各种活动中。手机中可以下载一个思维导图软件，可以很方便地随时画出思维导图。如果有意识地在日常生活中应用思维导图，并形成习惯，会大大提高生活质量，也能不断提升思维能力。

下面是思维导图课程的思维导图：

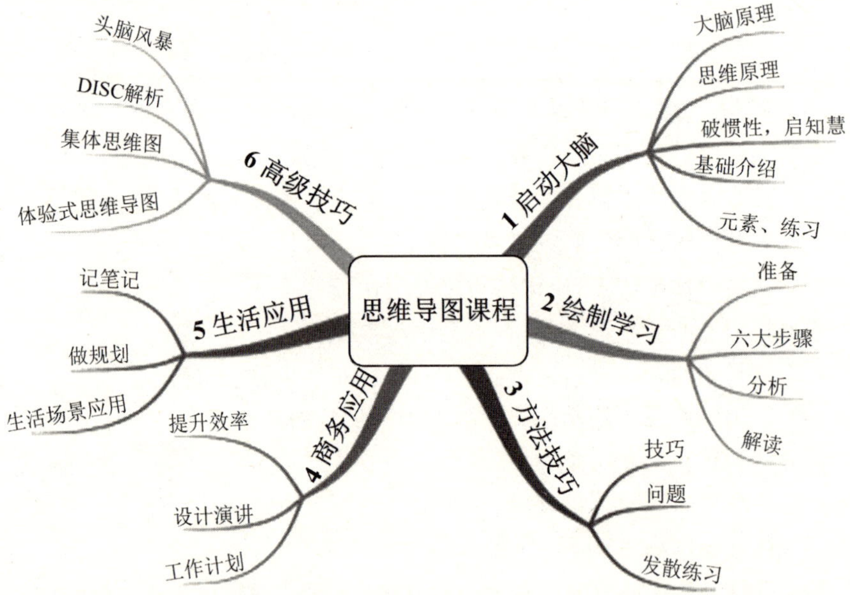

批判性思维

当今许多中国人都受到过电信诈骗，有些人还蒙受了重大的损失。判断信息的真假，学会独立思考和独立判断，成为当务之急。而批判性思维就是一套教人独立思考和独立判断的方法，更是培育创造力的基础。

那么，什么是批判性思维？

批判性思维在国内外学术界还没有统一的定义，但有大致相近的共识，即在有充分、准确根据的基础上，独立做出的、合乎逻辑的、清晰的推理、判断、决策。

可见，批判性思维是一套理性科学的系统思维方法。

一提到“批判”，许多人就误解为只是批判别人，其实批判性思维更强调批判自己，尤其是批判自己的思维定式。批判性思维不但要对他人和前人的观点、理论、方法、推理过程进行质疑、分析，更要对自己形成的思维定势和观点进行怀疑和反思，这是批判性思维最重要又最难的核心。许多人缺乏创造性，重要原因就是头脑里积淀了大量成见，形成了陈旧错误的思维定式，批判性思维就要对这些思维陋习进行分析、清理，并转化为理性科学的思维方式。

在日常生活和学习中，要确定哪些信息可信、哪位专家的理论和观点可信，应当接受哪个结论、反对哪个结论、哪个结论需要进一步研究，是每个人经常遇到的难题。遇到这些难题，就要用批判性思维的方法来判断和决策。

批判性思维的主要方法和过程是：遇到任何信息、观点、结论，首先质疑，不轻易接受；然后努力提出一些问题，根据这些问题，搜集充分可靠的证据，并解释、分析、评价证据，运用逻辑推理方法，尽量形成自己对于这些问题的观点。

由于人有顽固的思维定式和长期积淀下来的各种未经反思的观念，培养出批判性思维的习惯并不容易，必须参加系统的专门培训，还要在日常生活中不断练习和使用，才可能形成良好的批判性思维习惯。

中外许多专家学者比较过中西智慧，发现西方的智慧特征是：把思维工具作为发明的发明来不断打造，重视处理人和物的关系，把发现和发明创造的科学方法作为智慧，代表人物是培根和笛卡儿。而中国的智慧特征是：重在处理人和人之间的关系，讲究谋略，代表人物是诸葛亮。

著名心理学家荣格指出：“西方科学基于因果律，中国思维重视机会率。因果律注重逻辑推理，穷究事物的本质，机会率注重时机和变化。”科学研究重证据和推理，能够根据规律预测，从因推出果，而谋略重对抗和博弈。

批判性思维正是科学思维的基础。

中国传统精英文化和民间文化都是以文学和伦理道德为中心的重情的文化，极为缺乏科学理性思维的熏陶，女性更为明显，这是中国近代落后的重要原因。

缺乏批判性思维也是中国学生被动学习、容易厌学、缺乏独立思考能力和自主创新能力的重要原因。

2012年在美国大学入学考试(SAT)中,中国高中生只有7%能达到1800分的及格线,美国专家分析后,认为原因是普遍缺乏批判性思维能力。

清华大学原校长顾秉林曾经指出:为什么我们的一些研究生在遇到实际问题时,缺乏分析和解决问题的能力,关键是缺乏批判性思维能力。

世界名牌大学各学科的核心目标都是培养批判性思维。从职场表现来看,批判性思维能力强的毕业生适应面最广、薪水最高、最有持续的创造力、最受高新科技企业欢迎。

在知识爆炸的当代,思维远比知识重要。日本战略家大前研一指出:新经济需要为无解问题找出正确导向的逻辑思考方法。而批判性思维就是这种逻辑思考方法,思维一通百通。因此,努力培育批判性思维,是每个人极为重要的任务,也是培育创造力的必需。

集体多角度思考：瞎子应当怎样摸象？

> 新时代是个会因思考力而造成极大差距的时代。换句话说，新时代是个“思考力差距化“的时代。
>
> ——大前研一

创造力的产生，必须有较强的思维能力。当今许多创造性活动，大多是在集体思考的状态下产生的，怎样使集体思考的效率更高，更有创造性，是国内外众多专家学者研究的内容，也应当引起我们每个人的高度重视。

三个“诸葛亮”为什么顶不了一个“臭皮匠”？

“三个臭皮匠顶个诸葛亮”，是中国人很熟悉的成语，这个成语的意思是说集体的智慧往往超过单个天才的智慧。可是，在现实生活中，我们常常发现：三个臭皮匠之间如果发生争论，往往顶不了一个诸葛亮。更有甚者，三个诸葛亮争论起来，可能连一个臭皮匠都顶不了！

著名作家王蒙曾经研究过我国自新中国成立以来的历次重大争论。他发现，当年一些争论得热火朝天甚至你死我活的问题，不过是一些“人要吃饭”之类的常识问题。比如，农民可不可以包产到户、可不可以有自留地、可不可以卖自己种的菜、可不可自己养鸡养鸭，等等。

现在回头来看这些耗费了无数精力的争论，简直荒唐透顶，真让人哭笑不得——我们那些貌似诸葛亮的理论家们在瞎忙些什么？世上还有比这样的“争论”更可笑更可悲的么？那么多诸葛亮竟然都顶不了一个臭皮匠！曾经“三起三落”的邓小平深知这些“争论”误国，干脆决定“不争论”，正是“不争论”的智慧，成就了我国改革开放的巨大成就。

当代竞争：智慧管理方法的竞争

随着世界快速进入知识经济时代，有知识的人越来越多，竞争越来越成为智慧和创造力的竞争,怎样集中更多人的智慧和创意来取得竞争优势,成为各个机构领导人的紧迫课题。人们不得不深入思考:三个臭皮匠怎样才能真顶一个诸葛亮?或者进一步,三个诸葛亮怎样不争论地合作成就一番事业?也就是说,人类能否发明一种思维规则,能够既避免争论又能集中许多人的智慧来从事建设性的事业?

集体研究,其实就是一个集中众人的智慧来提出和解决问题的过程,因此更需要这样的思维游戏规则。

比尔·盖茨的微软公司,每开发一个软件,都要集中几千名软件工程师参与,这是一个多么浩大的智慧管理系统工程!如果这些高智商的人才忙于互不相让的争论,都认为自己的意见绝对正确,恐怕任何软件都开发不出来。知识经济时代,其实是一个集体智慧竞争的时代,哪个组织更能激发出成员的集体智慧,并用一套合理的思维规则将集体的智慧引导到建设性的项目上来,它就必定会在竞争中胜出。

当今各领域的研究越来越成为集体行为,项目管理越来越重要,研究性学习也要求小组合作研究。要把学习变为研究,掌握既避免争论又能集中集体智慧来解决问题的思维规则显得尤为重要和紧迫。

人人都可能是瞎子

“瞎子摸象”是中国人很熟悉的一条成语,孩子们在小学就学过了,那几个摸象的瞎子早已成为人们的笑柄。可是有多少人认真想过,自己在认识事物和面对各种问题时,是不是也成了摸象的瞎子?在会议上、在研究课题时、在讨论中、在项目研发中、在做大大小小的决策时人们争论来争论去,“公说公有理,婆说婆有理”,都认为别人错误,自己正确,就像那几个摸象的瞎子,这个说象是一根柱子,那个说象是一堵墙……“瞎子摸象”式的思维方式,使多少智慧在争论中相互抵消,多少时间在争论中浪费,其实我们每个人都经常是摸象的瞎子。

如果仔细思考一下研究和创造的过程,就会发现,任何研究和创造其实都是一个瞎子摸象的过程,你面对待研究和创造的事物,其实就是个瞎子。研究就是从对研究对象片面、肤浅的认识逐渐过渡到全面、深刻、系统认识的过程。

研究的核心是思考,思考的前提是怀疑,“我思故我在”的“思”,首先就是怀疑,不迷信权威,不从众,只相信可靠的证据和符合思维规则的逻辑推理。

法国哲学家、数学家笛卡儿曾经提出了思考的 4 个基本方法:① 凡是我没有明确地认识到的东西,我绝不把它当成真的接受,只能当作假设;② 把难题分成若干部分来一一解决;③ 按秩序进行思考,从最简单的对象开始,逐步上升,直到认识最复杂的对象,就连那些本来没有先后关系的东西,也给它们设定一个秩序;④ 尽量全面地考察,尽量普遍地复查,做到确信毫无遗漏。

正是笛卡儿提出的这些思维方法,奠定了现代科学研究的基础。

现代社会的研究和创造越来越成为集体行为,许多课题研究和开发项目涉及众多的学科,需要不同学科背景的研发人员通力合作才能完成。因此,必须尽力寻找既能避免争论,又有建设性的思维规则,把集体智慧引导到研究和解决问题上来。知识经济实质是大脑里的智慧经济,智慧管理是最高级的管理。

怎样正确地摸象?

在集体合作研究过程中,最关键的就是集体讨论和思考。游戏必须有规则,集体思维更要有规则。英国思维大师爱德华·德·波诺写的《六顶思考帽》就提出了一套思维游戏规则。如果自觉运用这套思维规则,将会使讨论和思考效率大大提高。

瞎子摸象式的思维之所以可笑,原因在于瞎子们在同一时间摸着象的不同部分而引起了争论,如果让瞎子们同一时间都摸象的同一部分,并且大家都依次摸遍象的全身,则不会发生争论,并且对象都会有全面一致的认识。

六顶思考帽的规则是:在集体思考时,在同一个时间段里,让大家都戴上同一种颜色的帽子,同时思考这顶帽子代表的内容。

六种颜色思考帽代表的思考内容是:

(1) 白色思考帽:提出客观的事实和数据,没有任何感情色彩。

(2) 红色思考帽:表达情绪、直觉、感情,提供感性的看法,感情可尽情宣泄。

(3) 黑色思考帽:提出冷静和严肃的批判性意见,意味小心和谨慎,指出任一观点或决策的风险和缺陷所在。

(4) 黄色思考帽:乐观、充满希望地积极思考,只看任一观点或决策的优点和长处。

(5) 绿色思考帽:提出创造性的新观点,打破框框的奇思妙想。

(6) 蓝色思考帽:对思考过程和其他思考帽的控制和组织,决定其他五顶思考帽的使用顺序,是对思考过程的管理。

六顶思考帽基于如下三条基本原理:

(1) 分开思考。思考的最大障碍在于混乱,原因就是避免同时思考太多的方面。情感、信息、逻辑、希望、创造性都搅在一起,特别在集体思考时更是如此,争论就是这样产生的。这和笛卡儿把难题分成若干部分,再建立思考秩序,然后按秩序一一思考的方法是一致的。

(2) 在同一个时段中,大家只思考一个方面。只容许所有思考者在同一时间段内思考同一个方面的内容。思考者要将逻辑与情感、创造与信息等五个方面区分开来,在不同的时间段里让大家同时思考其中一个方面,即大家都在一个时空中思考。传统的"一分为二"地看问题方法,这里发展成"一分为五"。大家都同时轮流从五个方面去思考,就做到了笛卡儿要求的"尽量全面地考察"。某一时段的每个思考者都朝同一个方向思考,所有的观点都平行排列出来。每个人不需要对其他人的看法立即做出回应和评论,只需排列出每个人的观点,不立刻否定任何意见,这就避免了争论。若两个观点互相冲突,则并列出来,承认它们在某种情况下都对,对它们都给予同情的理解,这样就能做到笛卡儿要求的"确信毫无遗漏"。稍后必须两者选一时,大家才会用红色思考帽做出一个最后的结论。

(3) 寻求向前发展的路。这种思维规则强调思考"能够成为什么",而非"本身是什么",是寻求一条向前发展的路,而不是争论谁对谁错,它从思维规则上保证了"不争论、只发展",是一套探索性、建设性、引导创新的思维规则。

使用六顶思考帽的方法:

单独使用:所有人都同时戴上某顶思考帽来进行某个方面的思考。

连续使用:一个接一个地按顺序使用各种颜色的思考帽,但没必要每一顶思考帽都用到。这时有如下两种用法:① 预先设定序列,大家先戴上蓝色思考帽讨论决定帽子使用的顺序,这种方法常用在初学的时候。② 逐渐形成顺序,由一人选定第一顶帽子,使用完后,再选择下一顶。可用在大家已熟练思考帽使用规则的时候。

只有小组的主持人才能决定使用什么思考帽,所有成员在某一时刻只能戴上同一顶思考帽。任何一个成员都不允许随便说:这时我想戴上黑色思考帽思考。

在戴上每顶思考帽时,通常只允许每个人讲一分钟,必要时才延长到把看法陈述完为止。戴上红色思考帽表达感觉时更应简洁明了。在大家都戴上某顶帽子时,可让成员轮流表达思考结果,主持人也可询问某个成员在某顶帽子下的思考结果。

帽子使用顺序没有一定的模式,根据实际问题来灵活设定。蓝色思考帽在讨论开始和结束时都必须使用。

个人也可以用六顶思考帽的方法来思考、决策和解决问题。

使用六顶思考帽的好处:

(1) 可使讨论和思考的结论自然而然地形成。

(2) 把关注焦点放在画各条路线图上,只要路线图画出来了,选哪条路就不用争了。

(3) 任何人做决定时,都会经历赞同、反对、感觉、事实等过程,六顶思考帽把这些方面有效地区分并按顺序组织起来,使思考更清晰更有秩序。

(4) 在无法做决定,又必须做决定时,由红色思考帽裁决,所有的决定都属于红帽,戴上红帽投票,这就给直觉思维留下了余地。

(5) 六顶思考帽有两个目的:一是简化思考,某一时刻只思考一件事;二是让思考者自由转换思考方式并不伤及自我和个性,能保全思考者的面子。

六顶思考帽在许多著名的跨国公司中得到了成功的应用,这些大公司在决策、会议、讨论、研发过程中,系统地运用六顶思考帽的思维规则,获得了极好的效果。

把学习变成研究时,关键就在于掌握思考的规则,应当自觉把六顶思考帽变成讨论和思考时的共同准则,在做集体课题研究时,自觉运用六顶思考帽的思维规则,将会使研究更有效率、更快地得到研究成果。

CPU与硬盘

被誉为日本"战略之父"的大前研一在他写的《思考的技术》一书中写道:"新经济是呈倍数形态的,所以思考力的差距所造成的经济能力差距,也是呈倍数的。而且现金流是从全世界流入无国界的世界里。因此,新时代是个会因思考力而造成极大差距的时代。换句话说,新时代是个'思考力差距化'的时代。"

应试教育特别强调死记硬背和关注各种标准化的题型,让学生把大量知识点记入大脑以应付标准化的考试,而真正智慧的记忆是把思维规则和思维方法记入大脑,而把知识存储在电脑硬盘的数据库中,在需要时能够方便快捷地取出来使用,这样知识活化率才高。大脑是CPU,即信息处理器,主要是用来处理信息和进行思考的,并不是用来记忆的,硬盘才是用来记忆的,二者配合好,电脑才能功能强大。上课也应当是训练思考,让学生掌握思维规则,而不是增加知识记忆量，知识是在思考中顺带掌握的。所以大脑要记忆的是处理信息、思考、研究的规则和方法，而不是信息或知识本身。如果学校教育把大脑中最珍贵的 CPU 当硬盘来使用，这样大脑记忆得越多，制造的混乱也会越多。

用各种方法来努力提高自己的思考力是时代的需要，每个人都要多方接触新经济的各种形态，增加实践经验，掌握六顶思考帽这样的先进思维规则，同时不断反复做能够提高思考力的训练，也就是做中练，最终就能大幅度提高思考力，进而提升创造力。

把辩论变成辩证

把辩论和辩证区分开来是非常重要的，辩论者是为了取胜，而辩证者则是要努力发现真理。

——罗　素

公说公有理，婆说婆有理。

——中国式辩论赛

新型思辨大赛

2016 年，深圳图书馆主办了“深圳大学生思辨大赛”，比赛的规则与传统的辩论赛有很大的不同，受到大学生们的普遍欢迎，也受到诸多专家学者的赞赏。大赛获得了深圳读书月“最佳创意奖”，并获得了深圳市委宣传部宣传文化基金的资助，受到社会各界的普遍好评。

那么，深圳大学生思辨大赛有什么创新之处呢？

思辨大赛的规则是这样的：

两队分别就某个社会热点问题（如如何解决电信诈骗问题）提出本队的研究过程和解决方案，两队没有正方反方，只有先方后方，具体比赛程序是：

(1) 两队现场抽签，决定哪队先提出本队的研究解决方案。

(2) 先由先方用 9 分钟时间表达本队对该社会热点问题的研究解决方案。每位队员演说时长自定，但三名队员都必须演讲。可以用 PPT 辅助，PPT 中可以有图片、数据、图表、曲线、视频等内容，后方队员注意倾听，以备提出问题。

(3) 先方演讲结束后，由后方队三名队员每人向先方队员提出一个问题，先方三名队员分别回答。提问和回答都必须简洁、准确、生动。

(4) 主持人选三名观众分别向先方队员提三个问题，由先方队员自由回答。

(5) 然后由后方队员提出本队研究解决方案，重复上述过程。

(6) 每队讨论后选一人发表总结陈词，结论中必须吸纳对方解决方案中的优点，综合出更优解决方案。

(7) 评委专家分别点评两队的表现，然后给两队打分，选出本场优胜队，同时评选出本场一位思维之星，主持人宣布本场哪队胜出，谁当选本场思维之星。

这种新型的思辨比赛，避免了传统辩论赛的弊端，有如下创新：

思考的题目都是社会热点问题，能引导大学生关注社会，深入系统地做社会调研，鼓励建设性的研究和提升解决实际问题的能力。这样就把追求取胜的辩论变成了追求解决问题的论证，更强调研究和论证的过程，是一种建设性的、面向问题解决的研究性思维。

相互提问的设计，能激发大学生提出问题的能力。爱因斯坦说过，提出问题比解决问题更重要。中国学生普遍习惯被提问，不习惯主动提问，而主动提问，是独立思考能力的前提，是一种重要的思维方法。若要精彩地提出和回答问题，就必须注意倾听对方的解决方案和提出的问题，而倾听能力是传统的中国式辩论赛很忽视的。倾听是一种高层次的修养，被胡适先生称为"同情地理解"，是深入交流的前提，也是对对方的尊重。

请观众提问的设计，能让观众也积极参与思考，使比赛成为一个人人都可参与的、多元的思想市场，大家都受益。

总结陈词要求本队要吸纳对方解决方案的优点，这样才能进一步完善本队的解决方案，双方都得到了提升，形成了双赢的结果，符合了黑格尔提出的"正、反、合"的辩证过程。

由于这种新型的思维比赛极大地提升了大学生们的研究能力、演讲能力、思考能力、解决实际问题能力、提问和回答能力、倾听能力、总结能力、PPT 制作能力、集体协作能力，而且有深厚的人文关怀，这种把辩论变成辩证的思维规则也逐渐流传开来，成为引导大众形成理性的建设性思维的良好形式。

辩论与创造力

拥有创造力的前提是具有比较高的思维能力，而提高思维能力的方法之一是参加辩论赛。如今学校的学生很喜欢参加辩论赛，许多人因参加过辩论赛而变得伶牙俐齿、能说会道。但不难发现，有的辩论赛没让学生变得更会思考和更会讲理，反而变得更不会思考和讲理了，很多人无理也能搅三分。

这是为什么呢？

仔细分析一下，就会发现：这种辩论赛本身存在着一些思维误导。

首先辩论赛的规则便大成问题。赛前，双方根据抽签来决定谁是正方谁是反方,而不管每个辩手到底认同哪方观点。由于抽签前难以预料本队抽到正方还是反方,所以双方都事先准备了正反方两套辩论方案。如果本队抽到了反方,那么辩手不管对反方的观点多么不以为然,也要旁征博引地、文采斐然地、幽默风趣地、敏捷迅速地表达反方观点是多么正确。如果抽到了正方,也同样可以妙语生花地论证正方观点绝对正确。也就是说,辩手可能说的是假话,论证的根本不是自己真正认同的观点,但都能雄辩滔滔地论证自己绝对正确,而对方观点全是谬误。就是说,不论抽到哪一方,辩手都总是有理。

逼迫辩手雄辩滔滔地说假话岂不荒唐?辩论赛不但不纠正这种弊端,还在用规则倡导之,岂不是误导?

自己永远正确吗?

本队总是有理、绝对正确更为荒唐!

这种本队永远正确而把对方"辩"得一无是处的思维模式,其实和专制君王不许有不同意见如出一辙。

辩论赛的辩题大多是一些永远争议不清的问题,比如"人性本善还是本恶?""成才是遗传重要,还是后天努力重要"之类的辩题,人类已经争论了几千年,相关的著作汗牛充栋,形成了许多不同的思想流派,而且今后仍将争论下去,不可能得出绝对正确的结论。可在辩论赛前,辩手们就已经下了不容置疑的结论,而且都能论证正反结论都对,在自相矛盾下,却能论证本队总是有理,绝对正确,真乃天下奇闻!

赛前就认定本方观点绝对正确的"辩论"还叫什么辩论?结论一定要在辩论之后下,正是结论不确定、观点可能多元才需要辩论,否则根本不必辩。在这种根本不必辩的"辩论"的误导下,辩手们的思维水平不但没有获得提升,反而培养出了一种貌似讲理的蛮不讲理。辩手可以不管自己真正的观点是什么,都能把正反两方观点论证得绝对正确,自己就跟自己矛盾,根本违反了形式逻辑中的矛盾律,使这种辩论成了彻头彻尾的诡辩和表达技巧展示,与发现真理根本无关,这是重"术"不重"道"、因小失大的根本性思维误导。

因此,必须对辩论本身正本清源,弄清什么样的辩论才是有益的,才能避免辩论赛的思维误导。

辩论之功

辩论在人类历史上曾经风光过，精彩的辩论也曾经激发出许多伟大的思想。无论中西早就有辩论的传统，我国春秋战国百家争鸣时期的名家就以善于辩论著称，公孙龙的“白马非马”论曾经名噪一时，使中国人的抽象思维能力开始萌芽。古希腊哲学家苏格拉底就是靠在雅典街头与人辩论来启发大众学会深入思考。著名的苏格拉底之问，成为雅典公民独立思维的助产婆，他的学生柏拉图写的《理想国》是一本对话集，对话其实就是一种广义的辩论。

柏拉图认为真理要靠辩论(包括诡辩)获得。古希腊一些辩士甚至靠传授辩论术赚了大钱。西方中世纪的基督教会专门设置了一个“魔鬼辩护师”的职位，这个魔鬼辩护师专门对宗教裁判从反面提出意见，以使裁判结论考虑更加全面，这就是一个非常理性的制度设计。正是通过辩论，西方文化发展出了一套成熟的逻辑思维规则，造就了一代又一代的思想家、哲学家、科学家、政治家、学者，直接催生了欧洲文艺复兴，为近代科学和民主奠定了基础。这种辩论传统后来发展成了西方议会辩论制度和法庭辩论制度，现代民主和法制的精髓之一就集中体现在这种辩论制度上。

思维方法的落后才是最根本的落后。

自从董仲舒提出“罢黜百家，独尊儒术”并被汉武帝采纳后，两千多年来，中国便陷入了长期的不许辩论的思想专制，从此中国读书人只在民间书院讲学中零星见过学术辩论，但辩论始终无法普及和健康地发展。

我国从隋朝开始的科举制度一统天下后，考试内容都是统治者规定的“标准答案”，不许考生思想上越雷池一步，中国从此形成了长期又完善的制度化的思想专制，读书人更没有辩论的机会和场合了，造成了思想学术万马齐喑的压抑状态。思想专制是政治专制的核心，因此中国历史上奇缺思想家，大众更是缺乏科学和民主意识，中国传统社会产生不了近代科学和民主与缺乏辩论制度和环境有极大关系。

诺贝尔物理学奖获得者杨振宁教授在题为《近代科学进入中国的回顾与前瞻》的讲座中谈道：

“公元1400年前后好几个世纪，文艺复兴在欧洲崛起，产生了巨大的文化与知识的进展。在公元1400～1600年两百年间，几乎人类各项活动在欧洲都有了长足的进展。从长远的角度来看，事实上技术领域的进展可能相对是最不重要的。在艺术、建筑和文学方面的进展都有更大的影响，它们使欧洲文化迈入了新的时代。但是如果就影响来看，'自然哲学'的进展恐怕是最重要的。因为它为近代科学的萌芽准备了肥沃的土壤。只需列举这两百年间欧洲一些伟大思想家的名字已足够看出这些进展的气势与其长远的影响：达·芬奇(1452～1519 年)，哥白尼(1473～1543 年)，马丁·路德(1483～1546 年)，加尔文(1509～1564 年)，纳皮尔(1550～1617 年)，培根(1561～1626 年)，伽利略(1564～1642 年)，开普勒(1571～1630 年)，哈维(1578～1657 年)，笛卡儿(1596～1650 年)。

相反地，在中国，1400～1600 年这 200 年是一段知识停滞不前的时期。这时期中最著名的哲学家是王守仁(即王阳明，1472～1528 年)。他的学说，我认为没有对中国思想或中国社会产生什么真正的长远影响。比起上面列举的欧洲大思想家对后世的影响，王守仁的影响是望尘莫及的。他的部分思想可以被解释为反科学的。可是，即使是这一部分，在以后的几个世纪中亦没有产生多少影响。"

文艺复兴时期，欧洲思想界真是群星灿烂，他们对欧洲大众产生了巨大影响，后来欧洲的飞速进步，原因就是这些思想家奠定了思想基础，世界文明史其实根本上是思想史。

诺贝尔经济学奖获得者科斯指出：中国当今最缺思想市场。有了思想市场才可能产生思想家，在思想家的影响下，社会才能有真正的进步。日本明治维新之所以能成功，重要原因之一，就是号称"明治维新之父"的思想家福泽谕吉对日本社会广泛、深刻的影响。

思想市场最能引发大众的多元思维，激发出创造力，而思想市场要靠辩论来形成，因此，深入研究辩论，形成健康的辩论风气，对当今中国有重大而深远的意义。

辩论的前提

中国古代也曾有许多能言善辩之士，如春秋战国时代的苏秦、张仪之类能给君王出"合纵连横"之策的人物。但这种人物只能称为"策士"，即给君王出谋划策的人，而不能称为"辩士"。

辩论的第一个前提是双方平等。策士与君王首先就不平等，他们与君王是隶属关系，根本谈不上与君王平等地辩论。三国时期，诸葛亮去东吴"舌战群儒"，事先也是成竹在胸、结论在握，他根本就是去说服江东群儒联合抗曹的，也谈不上是辩论。

辩论的第二个前提是双方事先都没有绝对正确的结论，这时候才需要辩论。

辩论的第三个前提是许多辩题是不可能辩出唯一正确的结论来的，无论正反方都不可能得出绝对正确的结论。正是这些永远辩论不清的命题，启发人们不断从各种角度去思考，人类的思维方式不断完善和多元，思维工具越来越先进，众多哲学流派因此而产生，人类的思维水平不断提高，思想市场不断完善。在当今越来越复杂的时代，这种永远辩论不清的复杂问题只会越来越多。因此，倡导多元、宽容、理性、双赢、互益的辩论越来越重要。

近年来，中国人对辩论的权利情有独钟、格外珍视，中央电视台不断举办国际大专辩论赛，如今辩论赛已经普及到了中国的每一个角落，这是历史的进步。但当今中国还仅仅是允许辩论了，其实还很不会辩论，甚至还没入门，还需要深入思考真正有益的辩论该是什么样的？

辩论和辩证

辩论其实一种论证，是严谨地讲理。亚里士多德把论证分为证明的论证和论辩的论证。证明的论证的论题必须是基本真理和科学知识，论据要求严格，必须由真实、必然、原始的基本原理来担当，目的是为了发现真理。而论辩的论证使用未必真实、原始的判断作为论据，目的是让对方接受自己的主张。有益的辩论应当像证明的论证。罗素说过："把辩论和辩证区分开来是非常重要的，辩论者是为了取胜，而辩证者则是要努力发现真理，辩证者就是要采用证明的论证。"

这种证明的论证其实是一种科学思维训练，对科学研究大有益处，科学就是在这种论证中不断发展的。当年围绕哥白尼的日心说、达尔文的进化论，西方就曾经发生过极为激烈的争论，哥白尼和达尔文就是靠了基于大量事实证明的论证得到了科学界的承认。正是这样证明的论证，使真理越辩越明，而且得到广泛传播。

定义：什么是"文化"

我们常常见到报纸杂志上辩论文化问题，特别是中西文化的论战，我国每隔一段时间就会发生一次。有些人主张“中体西用”,有些人宣扬“全盘西化”,有些人鼓吹“中西结合”,有些人倡导“西体中用”,有些人倡导国学,有些人宣扬普适价值。文化问题虽然有很多次辩论,但越辩论越让人闹不清什么是“文化”了。

既然要辩论文化问题,那么首先就要把“文化”的定义弄清楚,到底什么叫“文化”?据说如今“文化”的定义有三百多种,那么大家在辩论文化问题时,是不是都用同一种文化定义?如果大家用的不是同一种文化定义,就无法辩论下去。我们发现,许多文化辩论,其实双方的“文化”定义是不同的,许多无谓的争论就是因为概念定义不清造成的。

给概念下定义并不容易,“文化”这样的概念就更难下定义了。有时我们在大街上看到两个人吵架,他们越吵听的人越糊涂,不知道他们在吵什么,两个人说的不是一个东西,他们对概念的定义根本就不一样,鸡同鸭讲。许多浪费时间的争论其实都是这样造成的。概念不清,不重视概念的定义,是许多中国人的思维弊端。

在辩论时,给概念下定义的权力不能垄断在某个人或某一方人手里,某个概念的定义必须是大家都认同的。定义就如游戏规则,大家都必须遵循这共同的游戏规则才能玩下去,这些游戏规则不能由某个人随意定任意改,必须由参加游戏的人公认,并共同遵守。给概念下定义是辩论的基础,真懂辩论的人必然对概念的定义非常在意,辩论前他会努力把概念的定义彻底弄清楚。

论证过程比结果重要

辩论的思维是一种强调论证过程比结果重要的思维,辩手的水平就体现在论证过程的严谨可靠上,而结果反而并不太重要,许多辩题也难有唯一正确的结论。辩论的思维和科学研究的思维是一致的,科学研究就是不断发现和提出问题,并运用想象力提出解决问题的假设,然后用各种证据按逻辑规则进行严谨的推理论证,逐步验证假设,这和辩论的论证过程是一样的。

在辩论中一方提出一个观点,只能算未有定论的假设,一定要允许对方质疑为什么是这样?真正有益的辩论,表达要有逻辑一贯性,论证过程不能违反同一律、矛盾律、排中率等逻辑规则,不能有逻辑漏洞。逻辑规则实质上就是思维的规则,人人都必须遵守,这也是中国传统文化最缺乏的。中国许多文人很擅长抒情和辞藻华丽的表达,不会逻辑严谨地说理,因此普遍缺乏客观冷静的理性精神，这在中国式辩论赛中表现最突出。在论证中，任何结论都必须有充足证据的支持，而不是靠幽默和辞藻华丽的所谓雄辩来战胜对方。胡适先生说过："科学就是拿证据来，事实胜于雄辩。"

在辩论中，辩手不能强迫别人接受自己的结论，他会用精确的概念定义、充足的事实和论据、严谨的逻辑推理来证明一个结论，靠理性的说理来征服人。他也不轻易接受别人的结论，而要考察对方结论的论证过程是否具备上述几个要素，这正是科学的批判性思维的表现。

目前很多地方的应试教育，给学生从小就灌输了各种各样的未经严格论证的结论，这些结论大多是被当作正确答案要学生背下来以对付考试，不能有丝毫的怀疑，如果你怀疑，答题的结果与标准答案不一样，考试很可能不及格。这和科学研究最需要的怀疑精神以及高度重视论证过程的要求是完全相悖的，实际上还是统一、标准、僵化的思维模式，致使很多人从小就很难形成科学精神和科研传统，更难养成自主创新能力。

一个好辩手和别人不一样的地方就是说话具备了辩论的所有要素，让人觉得他说话概念清晰，证据充足，内在逻辑严谨，充满了理性力量，让人不得不服，而不是气势逼人、辞藻华丽、滔滔不绝地辩败对方。

研究：辩手的基本功

在辩论赛前，辩手应对辩题有一种研究的心态和收集事实的能力。优秀的辩手拿到一个辩题，一定会先调查和搜集大量资料，然后根据事实、数据、资料提出自己的假设，之后依据逻辑思维规则认真推理论证，得出可靠的结论，形成自己的观点，这其实是一个完整的科学研究过程。辩手先要怀着一种谦卑的态度，对很多问题我们以为自己懂了，深入研究一下就会发现，其实自己所知甚少，甚至可能对一些基本概念的定义都没真正弄清。

人的一生只要有一次这样系统而又具体的研究过程，就会让你极大地提高思维水平和研究能力，而且会让你变得谦卑。你会认识到下一个结论不是那么简单，你也就学会了科学论证的方法，具备了科学精神。如果你的人生中幸运地有3～5次这样的机会，那你就基本上成为一个很成熟的有科学理性精神的知识分子了。

美国教育要求美国人从幼儿园就开始研究，直到博士毕业，不知研究过多少课题了，美国人中该有多少成熟的知识分子！怪不得美国人获得了最多的诺贝尔奖，有这样的科研传统，怎么能不英才辈出？西方人就是这样，不断地提出问题、研究问题、解决问题，思维工具越来越先进，因此西方文明领先世界。

古希腊曾经因为辩论流行，产生过一个“诡辩派”。他们为了辩论而辩论，无理搅三分。但在辩论的风气中涌现出了大哲学家苏格拉底，苏格拉底与“诡辩派”根本不同的是，他通过辩论来追求真理，不只是为了辩论而辩论。苏格拉底说过：“我唯一知道的，就是我的无知。”他通过辩论，认识到了自己的无知，达到了最彻底的谦卑，反而成了影响力最大、影响时间最长的伟大哲学家。柏拉图认为对几何学无知者，不具有参加任何辩论的资格，因为几何学中包含了演绎推理的逻辑法则，不懂逻辑法则的人说话无法有逻辑一贯性，跟这样的人辩论是浪费时间。从某种意义上说，西方科学精神和科学方法的起源就是来自辩论。

一个人不应急于发表自己的观点，更不要轻易下结论，而是先要想一想这观点背后的问题。先想想历史上人类最优秀的头脑是怎么想这些问题的，然后才可能站到巨人的肩膀上，再看看能不能把对这个问题的理解稍稍向前推进一小步，否则你想了半天的问题也许前人已经想得非常透彻了。能把巨人想过的问题稍稍向前推进一小步就不得了了，人类文明就是这么一小步一小步地推进的。所以在研究中，要强调搜集前人的研究成果，去查阅相关的文献，去读经典名著，从而使自己知道天高地厚。这个过程就是典型的既有继承又有创新的研究过程，也是自己思维水平不断提高的过程。

大音稀声

我们不难发现这样一种现象：经常有人说，某某口才不好，但是思想非常深刻。某位大学者水平很高，但不善言辞，有内秀。这种说法其实大有问题。

口才好，是指能把一个问题说清楚。如果能把问题想清楚，就一定能说清楚，说不清楚，说明还没想清楚，思维根本就是混乱的。语言是思维的外壳，思维不清楚，语言没法清楚。辩论的过程就是逼迫辩手把一个问题彻底想清楚，并且能清晰地表达出来。

曾经担任过辩论赛教练的郭宇宽先生指出：“定义和逻辑思维规则，就是一个辩手的工具，它们决定了人的思维境界。能把对一个问题的思考清晰地表达出来，你的思想也就到那个境界了。”某位获经济学家就因为提出了一个简单的概念——“信息对称”而得了诺贝尔经济学奖。因为人家用这一个概念，就很好地解释了生活中常见的一些经济现象。这个概念，其实是经济学家穷其毕生精力思考研究出来的，最后总结出来就是这么一个很简单清晰的词语。真正的大师，都是通过长期深入的研究，最后根据思维规则推导出了简洁清晰的结论。

一位好辩手，不是拿到一个辩题可以滔滔不绝说几个小时，那往往是头脑混乱、水平低的表现居多，而是几分钟就能说透一个问题，这个问题在一定范围内已经不用讨论了，再说都是废话。这就要求辩手要养成深思熟虑后精确简洁表达的习惯，你表达的水平，就是你思想的水平，老子说过"大音稀声"，就是这个道理。

辩手的风度：同情的理解

很多人认为能滔滔不绝地自说自话就是口才好的表现，我国当今的许多辩论赛往往培养的是口齿伶俐而不会倾听的人。

刚接触辩论的人一开始会觉得倾听是非常困难和非常累的事情，有些辩手恨不得不让对方说话才好。辩论训练中也教授一些技巧，能把对方堵得说不出话来。其实更有利于辩手成长的是欢迎对手来质疑自己的观点，甚至努力帮助对方把他的意思表达得更有效、更清楚，鼓励他把他的思维逻辑展现出来，自己认真地倾听，这样的辩论才有益处，对自己的思维才有启发和帮助。

当你对一个问题已经有了成熟思考的时候，如果你用语言堵得对方说不出话来，你自己在那滔滔不绝地阐释自己的观点，在观众眼里，你似乎赢了，但是如果第二次、第三次，以后都这样，那么你自己的思维水平就无法提高。

对方思想清晰表达出来的过程，也是你从中学习提高的过程。当你设法去回答别人提出的、自己之前没有思考过的问题的时候，你的思想和认识会迅速提高。辩论的精髓其实是吸纳，而不是排斥，不是把对方驳得一无是处，而是吸纳对方的有益见解，以补充自己考虑不周或不深的地方，使自己的认识更加全面深刻。那么在辩论中首先就要学会真诚地倾听，尊重和理解对方的意见，看看对方有些什么与自己不一样的高明看法，以便自己采纳。

真正有益的辩论是双方相互吸纳对方的意见，形成高于自己原有认识水平的共识，又在新的认识水平上形成不同看法，再通过辩论形成新的共识，双方的认识水平因此而呈螺旋式上升，最终得到双赢的结果。所谓"辩证法"的原意就是这种双方共同提高的过程。只有这样的辩论，才会达到真理越辩越明、思维水平越辩越高的目的，否则只会越辩越糊涂，越辩思维水平越低，越辩越伤和气，双方只会更加坚持自己的意见——意气之见，连做人的风度都降低了，这样的辩论其实得不偿失，两败俱伤。

胡适先生把尊重对方、善于倾听、善于吸纳对方长处的态度称为“同情的理解”。宽容比自由更重要，宽容是自由的前提。有益的辩论可以提高辩手的倾听能力和宽容精神，善于捕捉到别人发言中最关键、最精彩的部分。懂得辩论的人的倾听会比一般人更有效率、更全面、深刻、系统。比如在看牛时，别人眼里看到是一头牛，而在你眼里可能还看得到牛的骨架结构、肌肉纹理，眼光犀利具有穿透力。

郭宇宽先生指出，有些人学会辩论以后变得很能说，这是水平还不够高的表现。一个优秀的辩手应该惜话如金，很会听。因为他像“庖丁解牛”一样，一上来就把对方说话的逻辑听得非常清楚，知道什么样的问题是不值得浪费精力纠缠的。即使一个复杂的问题，也能看清它的逻辑脉络，能听出问题关键在哪里。在面对值得辩论的问题时，低水平的人，就像泼妇打架，张牙舞爪相互把脸都抓破了，也分不出个胜负。真懂辩论的人，不动声色，一出手就会很直接，就像武侠小说里描写的，瞬间就捕捉到一个人的要害在哪里，就是用一根筷子戳进去也能置人死地。

韩国的议会里，一些议员在辩论时动不动大打出手，上演全武行，看来他们只学到了辩论的皮毛，还没有学到精髓。可见人的思维模式的转换是多么的不容易！

多维视角：自己并不总是正确

在当今全球化的时代，每个人都经常会遇到有不同价值观和信仰的人。有益的辩论教给人对不同价值观的尊重和对不同信仰的同情，努力想去倾听和理解与你不同的声音。当你有了前面说的几种能力，即追求定义的清晰、强调逻辑的一贯性、具有彻底的谦卑和研究能力、有倾听和理解的习惯、说话简洁清晰之后，你应该做的是努力寻找那些与你不同的声音和信念，并去追寻这些观念背后的“为什么”，形成多维的视角。

世界各国和各民族对同一个问题往往有不同的看法，不存在一个有统一标准的正确答案，每个人的观点和信念也不一定正确。当你有了不同观点的参照，会增加许多自省的意识。就像一个人早晨起来要照镜子一样，因为在镜子中你才能看到你的形象，认识到你的自我是什么。不站在另一个角度，不换位思考，你往往认识不清自己。

一个辩手的本能是天然地反对缺席审判，会努力去找另一方面的观念和完整解释是什么，不满足于断章取义的引用，即使罪犯都应该给他们一个完整地替自己辩护的权利，这是现代法制社会的基本制度。在原原本本理解了他的逻辑和解释以后，再做出一个判断。也许这样一个判断也不绝对准确，但会比较接近理性。未来一个健康的社会必定是大家习惯于分歧，而且尊重分歧，进而能够理解分歧，这样的社会才真叫和谐社会。只有一种声音，一种观点，还不许别人怀疑的社会是恐怖的社会。

一个好的辩手未来应当成为有理性的公共知识分子，而不仅仅是能说会道但只会自说自话甚至认为自己永远正确的人。成为有理性的公共知识分子意味着他有怀疑精神、批判意识、科学思维、宽容精神，这种怀疑和批判不是只对别人的，更不是对一个你所不了解的东西下的轻率结论，而首先是对别人的理解，然后是自省，对于自己习以为常的一些观念的推敲和质疑，也就是说，怀疑和批判应当首先指向自己，并不认为自己总是有理，这样才能更好地认识自己，完善自己。

郭宇宽先生特别强调多元价值观的重要性。他指出，在中国的体制和教育里，我们从小到大没有很多机会让你理解差异是什么，都是在跟你相同的文化背景、大致相同区域的人交流。甚至你进到城里面也会发现，流动人口学校的孩子们跟城市的孩子融不到一起，难以交流。这意味着什么呢？意味着来自不同背景的人没有机会面对面讨论问题，所以中国占主流地位的年轻人的思维方式非常相像，价值观趋同。

成为有科学理性精神的世界公民

从前面的分析我们不难看出，经常参加一些有益的辩论是培养科学理性精神的好方法。

真正有益的辩论，主办者首先应当让辩手根据自己的观点来选择正反方，正反方不必是一个队的，观点相同的在一方。评委应当根据哪位辩手说话定义更清晰、论据更充分、更有逻辑论证的说服力、表现得更宽容、更会倾听、更尊重理解对方、更能帮助对方把自己的逻辑清晰地表达出来、更能吸纳对方精彩的观点、更有反省意识、语言更清晰简洁来打分，最后依据本队每个队员的得分累加来决定哪个队胜出。这从根本上保证了辩手说的是真话，而且强调论证过程的科学性。辩题要提前公布，让辩手有充分的研究时间，这样辩论起来才更有深度更精彩，更对观众有思维启迪的作用，是普及科学精神和科学方法的极好方式。

总之，有益的辩论要注重概念定义，不轻易下结论，不简单说谁对谁错，论证过程要有充足的证据和保持逻辑一贯性，辩手要深入研究辩题和具备彻底的谦卑态度，说话要简洁清晰、善于倾听、给对方同情的理解、善于吸纳对方的长处，辩手要具有多维视角并尊重多元价值观、怀疑和批判应当首先指向自己、并不认为自己总是有理，辩论的目的是双方都在吸纳，都能提高思维水平，取得双赢的结果，并借此培育科学理性精神，成为成熟的世界公民。我们看到，深圳图书馆举办的新型大学生思辨比赛，正是向这一方向努力的结果，这样建设性的思辨比赛才应当大力提倡，这种思辨比赛才能促进大众的创造力提升。

如果这种新型的思辨规则融入到人们的日常生活之中，比如，在朋友聚会、家庭聚餐、沙龙讨论、散步聊天中普遍应用，那么，人们的思维水平必将普遍提高，创造力也会不断得到提升。

参考文献

[1] 爱因斯坦.爱因斯坦文集:第三卷[M].北京:商务印书馆,2010.

[2] 吴国盛.科学的历程[M].2版.北京:北京大学出版社,2002.

[3] 阿尔文·托夫勒.力量转移[M].北京:新华出版社,1996.

[4] 王梓坤.科学发现纵横谈[M].北京:北京师范大学出版社,1993.

[5] 李清振.科学学习法[M].北京:语文出版社,2010.

[6] 刘伟.学习方法的哥白尼革命[M].深圳:海天出版社,2011.

[7] 楚渔.中国人的思维批判[M].北京:人民出版社,2010.

[8] 理查德·保罗,琳达·埃尔德.批判性思维工具[M].北京:机械工业出版社,2006.

[9] 怀特海.教育的目的[M].上海:文汇出版社,2012.

[10] 戈登·德莱顿,珍妮特·沃斯.学习的革命[M].上海:上海三联书店,1997.